电力生产人员公用类培训教材

电力安全知识

顾 飚 主编

U0381667

中国电力出版社
CHINA ELECTRIC POWER PRESS

内 容 提 要

为进一步做好电力生产人员的培训工作，以提高从业人员的安全素质编写此书，主要内容有人身电击及防护、电气安全用具、变电运行安全技术、变电检修安全技术、电气试验与测量工作安全技术、电力线路运行检修安全技术、带电作业安全技术、电气防火防爆。

本书可作为职工安全培训用书，也可作为职业技术院校教材。

图书在版编目（CIP）数据

电力安全知识 / 顾飚主编 . —北京：中国电力出版社，2020.4
电力生产人员公用类培训教材
ISBN 978-7-5198-4241-3

Ⅰ . ①电…　Ⅱ . ①顾…　Ⅲ . ①电力安全－技术培训－教材　Ⅳ . ① TM7

中国版本图书馆 CIP 数据核字（2020）第 022747 号

出版发行：中国电力出版社
地　　址：北京市东城区北京站西街 19 号（邮政编码 100005）
网　　址：http://www.cepp.sgcc.com.cn
责任编辑：娄雪芳（010-63412375）
责任校对：黄　蓓　郝军燕
装帧设计：赵姗姗
责任印制：吴　迪

印　　刷：三河市航远印刷有限公司
版　　次：2020 年 4 月第一版
印　　次：2020 年 4 月北京第一次印刷
开　　本：880 毫米 ×1230 毫米　32 开本
印　　张：7
字　　数：183 千字
印　　数：0001—2000 册
定　　价：35.00 元

前　言

　　本书是根据最新版的电力安全工作规程，响应并贯彻《国务院安委会关于进一步加强安全培训工作的决定》（安委〔2012〕10号）的精神，为进一步做好电力生产人员的培训工作，以提高从业人员的安全素质为目标而进行编写。

　　本书包括了电力生产运行过程中的基本及专业安全知识，能使培训学员获得基本和各专业的安全知识和技能；在编写中设计了体现职业岗位要求的"职业岗位群应知应会目标"，通过相关案例，从电力生产中的实际案例入手引导出相关知识的学习，增强学员的现实感受，通过案例的应用分析进而提高了安全知识的接受性；积极探索"做中学，学中做"项目导向的实践培训教学方式，力图改变传统的以培训课堂为中心、以讲述为主的教学培训模式，引导在实训室等场所进行理论与实践一体化培训的模式。

　　本书共9章、其中第1章由上海电力股份有限公司吴泾热电厂邱怡兴编写，第2、3、8章由上海电力工业学校顾飚编写，第4章由上海电力工业学校冯玮编写，第5章由上海久隆电力（集团）有限公司王如杰编写，第6章由上海电力工业学校顾训磊编写，第7章由国网上海浦东供电公司赵成斌编写，第9章由上海电力股份有限公司吴泾热电厂王志强编写。全书由顾飚主编，由国家电力投资集团有限公司人才学院朱海涛和上海市电力育才职业技能培训中心罗俊审稿。在本书的编写过程中得到了国家电力投资集团有限公司人才学院和国网上海市电力公司的热情支持，在此一并致以衷心的感谢。

　　本书可作为职工安全培训用书，也可作为职业技术院校教材，亦可供电气运行检修人员参考。

由于编者水平有限，加之电力安全范围宽，涉面广，书中疏漏之处在所难免，欢迎专家读者能够提供更为合适的案例以及建议和意见给予指正。

编　者
2020 年 2 月

前　言

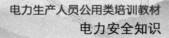

第1章

电 业 安 全 概 论

职业岗位群应知应会目标:

(1) 了解电业生产的范围;

(2) 了解电力安全生产的重要性;

(3) 掌握电力安全生产的基本方针;

(4) 了解电力安全生产的目标;

(5) 了解电力安全生产的相关法规;

(6) 了解安全与事故的基本概念;

(7) 了解事故防控的基本原则;

(8) 了解电力生产中的事故及级别;

(9) 掌握发生事故的基本原因;

(10) 掌握做好安全工作、防止事故发生的基本方法。

1.1 电力安全生产的重要性

1.1.1 电业生产的范围

电业生产包括电力生产、电力基本建设、电力多种经营三大部分。其中,电力生产按生产环节分为发电、输电、变电、配电、用电等五部分;电力基本建设按基建项目性质分为火电建设施工、水电建设施工和输变电建设施工等;电力多种经营按经营项目性质分为电力生产(建设施工)多种经营和非电力生产(建设施工)多种经营。现在,习惯把电力生产、电力基本建设、电力多种经营均划归为电力生产范围。

1.1.2　电力安全生产的重要性

电力安全生产的重要性是由电力生产、电力基本建设、电力多种经营的客观规律和生产特性及社会作用决定的。随着电力工业迅速发展、电力体制改革和市场化进程加快，电力安全生产的重要性更加突出，电力安全生产的重要性有以下几个方面。

（1）电力安全生产关系到各行各业和社会稳定。电力工业是国民经济的基础产业，是具有社会公用事业性质的行业。它为各行各业（如工业、农业、国防、交通、科研）提供电力，为人民的日常生活提供电力，如果供电中断，特别是电网事故造成大面积停电，将使各行各业的生产停顿或瘫痪，有的还会产生一系列次生事故，带来一系列次生灾害。另外，供电中断或大面积停电，会引起社会和人民生活混乱，甚至造成社会灾难，造成极坏的政治影响。因此，电力安全生产关系到国家人民生命财产安全，关系到人民群众的切身利益，关系到国民经济健康发展，关系到人心和社会的稳定。

【案例 1-1】　2012 年 7 月 30 日，印度北部包括首都新德里在内的 9 个邦因电网崩溃遭遇大面积停电，造成交通瘫痪、供水危机，约有 3.7 亿人口受到影响，这是印度自 2001 年以来遭遇的最为严重的一次停电。此次大范围停电严重打乱了印度的交通网络，包括火车、地铁系统，主要城市的交通灯系统也停止运行，早上繁忙时间交通瘫痪，路面混乱不堪，医院及紧急服务部门被迫启用备用发电机。

（2）电力安全生产影响电力企业本身。安全是电力生产的基础，如果一个电厂经常发生事故，就不可能做到"满发稳发"和文明生产，如果系统经常发生事故，系统中的发电厂和变电站都不能正常运行，将使电力生产和输配电处于混乱状态，因此电力企业本身需要安全生产。电力安全生产是电力企业物质文明和精神文明建设好坏的集中体现，安全生产离不开精神文明建设，精神文明建设为安全生产提供强大动力，精神文明建设做得好，则企业安全生产的局面就好。安全生产对电力企业的物质文明建设提出了强烈要求，又为物质文明建设提供了高层次的保证，因此安全生产做得好，则企业的物质文明建设也做得好。没有安全生产，就没有效益。电力企业的生存与发展，必然要求有好的经济效益，如果电力企业的安全生产做不好，必然减少发供电量，并增加各种费用的支出，其结果是成本上升，效益下降，因此，搞好电力安全生产是提高经济效益的基础。

（3）电力生产的特点要求安全生产。由发电厂生产的电能经升压变电站、输电线路、降压变电站、配电线路送到用户，组成了产、供、销统一的庞大的整体。由于电能尚不能大规模储存，因此，产、供、销是同时进行的，电力的生产、输送、使用一次性应同时完成并随时处于平衡。电力生产的这些内在特点决定了电力生产的发、供、用环节必须有极高的可靠性和连续性，任何一个环节发生事故，都可能带来联锁反应，造成人身伤亡、主设备损坏或大面积停电，甚至造成全网崩溃的灾难性事故。因此，电能生产的内在特点需要安全生产。特别是目前的电网已是大机组、大容量、高电压、高度自动化的电网，对安全生产提出了更新、更高的要求。

（4）电力生产的劳动环境要求安全生产。电力生产的劳动环境有几个明显的特点：

1）电气设备多。

2）高温高压设备多，如火电厂的锅炉、汽轮机、压力容器和热力管道等。

3）易燃、易爆和有毒物品多，如燃煤、燃油、强酸、强碱、制氢气及制氧气系统、氢冷设备等。

4）高速旋转机械多，如发电机、风机、电动机等。

5）特种作业多，如带电作业、高空作业、起重及焊接作业等。

这些特点表明，电力生产的劳动条件和环境相当复杂，本身潜藏着诸多不安全因素，潜在的危险性大，这些都对职工人身安全构成了威胁。因此，工作中稍有疏忽，潜在的危险就可能转化为人身事故，所以电力生产环境要求我们对安全生产必须高度重视。

1.1.3　电力安全生产的目标

1. 电力企业总体安全目标

电力企业安全生产的总体目标是防止"两类六种事故"。

（1）两类事故：对社会造成重大影响和对资产造成重大损失的事故。

（2）与两类事故对应的六种事故是：

1）人身死亡。

2）大面积停电。

3）大电网瓦解。

4）电厂垮坝。

5）主设备严重损坏。

6）重大火灾。

2. 电网企业安全生产目标

（1）不发生人身死亡事故。

（2）不发生重大电网事故。

（3）不发生有人员责任的重大设备事故。

（4）不发生特别重大设备损坏事故。

（5）不发生重大火灾事故。

（6）不发生重大施工机械设备损坏事故。

3. 水电施工企业安全生产目标

（1）不发生人身群亡事故。

（2）不发生重大施工机械设备严重损坏事故。

（3）不发生重大质量事故。

4. 发电、供电、检修、火电施工和送变电施工企业安全生产目标

（1）企业控制重伤和事故，不发生人身死亡、重大设备损坏和电网事故。

（2）车间（含工区、工地）控制轻伤和障碍，不发生重伤和事故。

（3）班组控制未遂和异常，不发生轻伤和障碍。

5. 安全无事故记录

发电、供电企业及有关调度机构每年实现的百日无事故记录个数为：

（1）1000MW 及以上容量的火电厂，1 个；其他容量的火电厂，2 个。

（2）500MW 及以上容量的水电厂，2 个；其他容量的水电厂，3 个。

（3）主变压器容量 1000MVA 及以上的供电企业，1 个；500～1000MVA 的供电企业，2 个；500MVA 及以下供电企业，3 个。

（4）省级及以上调度机构，3 个。

1.1.4　电力安全生产与法制

电力安全生产是一个系统工程，要搞好电力安全生产，需要做好多方面的工作，依靠社会主义的法制搞好安全生产，是其中的一个重要方面，也是电力安全生产管理的基本方法之一。

1. 电力安全生产的相关法律、法规和规章制度

为了保证电力安全生产，我国针对电力生产制定的法律、法规和规章制度多达 100 余种，其中主要如下：

（1）全国人民代表大会常务委员会 2014 年 12 月 1 日施行的《中华人民共和国安全生产法》（以下简称《安全生产法》）。

（2）全国人民代表大会常务委员会制定和发布的《中华人民共和国电力法》（以下简称《电力法》）。

（3）中华人民共和国国务院颁发的《电网调度管理条例》和《电力设施保护条例》。

（4）《电力安全工作规程》《电力建设安全工作规程》《电业生产事故调查规程》《防止电力生产重大事故的二十五项重点要求》《电力工业锅炉监察规程》《电力建设安全施工管理规定》《安全生产工

作规定》《电力安全监督规定》《电力系统多种经营安全管理工作规定》《电力企业各级领导人员安全生产职责规定》《并入电网运行的公用发电厂电力生产安全管理规定》《并网核电厂电力生产安全管理规定》《外商承建中国境内电力建设工程劳动安全卫生管理规定》《电力安全生产奖惩规定》《电力工业技术监督工作规定》等。

2017 年 11 月 4 日起施行的《中华人民共和国刑法》中有关安全生产的条文如下：

第一百一十八条　破坏电力、燃气或者其他易燃易爆设备，危害公共安全，尚未造成严重后果的，处三年以上十年以下有期徒刑。

第一百一十九条　破坏交通工具、交通设施、电力设备、燃气设备、易燃易爆设备，造成严重后果的，处十年以上有期徒刑、无期徒刑或者死刑。

过失犯前款罪的，处三年以上七年以下有期徒刑；情节较轻的，处三年以下有期徒刑或者拘役。

第一百三十四条　在生产、作业中违反有关安全管理的规定，因而发生重大伤亡事故或者造成其他严重后果的，处三年以下有期徒刑或者拘役；情节特别恶劣的，处三年以上七年以下有期徒刑。

强令他人违章冒险作业，因而发生重大伤亡事故或者造成其他严重后果的，处五年以下有期徒刑或者拘役；情节特别恶劣的，处五年以上有期徒刑。

第一百三十五条　安全生产设施或者安全生产条件不符合国家规定，因而发生重大伤亡事故或者造成其他严重后果的，对直接负责的主管人员和其他直接责任人员，处三年以下有期徒刑或者拘役；情节特别恶劣的，处三年以上七年以下有期徒刑。

举办大型群众性活动违反安全管理规定，因而发生重大伤亡事故或者造成其他严重后果的，对直接负责的主管人员和其他直接责任人员，处三年以下有期徒刑或者拘役；情节特别恶劣的，处三年以上七年以下有期徒刑。

第一百三十六条　违反爆炸性、易燃性、放射性、毒害性、腐蚀性物品的管理规定，在生产、储存、运输、使用中发生重大事故，造成严重后果的，处三年以下有期徒刑或者拘役；后果特别严重的，处三年以上七年以下有期徒刑。

第一百三十七条　建设单位、设计单位、施工单位、工程监理单位违反国家规定，降低工程质量标准，造成重大安全事故的，对直接责任人员，处五年以下有期徒刑或者拘役，并处罚金；后果特别严重的，处五年以上十年以下有期徒刑，并处罚金。

2. 法律及制裁

上述所列有关电力生产的法律、法规和规章制度，广大电力职工都应该自觉遵守，在电力生产过程中，如若违反上述法律、法规和规章制度，是要负法律责任的，包括民事责任、刑事责任、行政责任。根据违法事实，分别依据相应法律实施制裁。对于民事违法行为，给予民事制裁，主要有排除侵害、返还原物、赔偿损失、收缴进行非法活动的财物、罚款等。对于刑事违法行为，给予刑事制裁，包括主刑和附加刑两类。主刑包括管制、拘役、有期徒刑、无期徒刑、死刑；附加刑包括罚金、剥夺政治权利、没收财产三种。对行政违章处理有通报批评、警告、记过、记大过、降职、免职、留用察看、开除等八种。

基于上述介绍，广大电力职工应该学法、懂法，增强法制观念，懂得这些法律、法规和规章制度的强制力和法律约束力的作用，懂得一旦发生重大责任事故，不仅受政纪处分，而且还要追究刑事责任，甚至被判刑。

3. 法制对电力安全生产的作用

（1）法制极大地推动了劳动保护和安全生产。法律、法规使电力生产有法可依，它有效地扼制了各种电力安全事故的发生，减少了人员伤亡和设备损坏，促进了电力安全生产，保证了电力生产有序进行。所以，法制是安全生产的根本保证，离开法制，安全生产秩序将陷于混乱，职工的人身安全、健康和设备完好就会失去保障。

（2）法制可以促进电力工业协调、稳定、持续发展。依法治电，使电力生产管理法制化，规范化。在电力企业中，依法治电，实行"有法可依、有法必依、执法必严、违法必究"的原则，不但推动电力安全生产，而且促进电力工业协调、稳定、持续发展。

（3）通过法制教育，增强职工法制观念，减少生产事故的发生。通过法制教育，增强人们的法制观念，使大家知法、懂法、守法，从而在思想上提高对安全生产的重视程度和贯彻各项规章制度的自觉性，减少违法、违章、违纪和各类事故的发生。

1.2　电业生产中的事故及防治

1.2.1　安全与事故的基本概念

1. 基本概念

（1）危险。根据系统安全工程的观点，危险是指系统中存在导致发生不期望后果的可能性超过了人们的承受程度。从危险的概念可以看出，危险是人们对事物的具体认识，必须指明具体对象，如危险环境、危险条件、危险状态、危险物质、危险场所、危险人员、危险因素等。

（2）安全。顾名思义，安全为"无危则安，无缺则全"，安全意味着不危险，这是人们传统的认识。按照系统安全工程观点，安全是指生产系统中人员免遭不可承受危险的伤害。在生产过程中，不发生人员伤亡、职业病或设备、设施损害或环境危害的条件，是指安全条件。不因人、机、环境的相互作用而导致系统失效、人员伤害或其他损失，是指安全状况。

（3）危险源。从安全生产角度，危险源是指可能造成人员伤害、疾病、财产损失、作业环境破坏或其他损失的根源或状态。

（4）事故。一般对事故的解释是，事故多指生产、工作上发生的意外的损失或灾祸。企业生产中，发生有毒有害气体泄漏造成意外的人员伤亡，是发生了生产安全事故。电力企业继电保护误动作而跳闸导致大面积停电，也是生产安全事故。

在生产过程中，事故是指造成人员死亡、伤害、职业病、财产损失或其他损失的意外事件。从这个解释可以看出，事故是意外事件，该事件是人们不希望发生的；同时该事件产生了违背人们意愿的后果。如果事件的后果是人员死亡、受伤或身体的损害就称为人员伤亡事故，如果没有造成人员伤亡就是非人员伤亡事故。事故有很多种分类方法，我国在工伤事故统计中，按照导致事故发生的原因，将工伤事故分为20类，分别为物体打击、车辆伤害、机械伤害、起重伤害、触电、淹溺、灼烫、火灾、高处坠落、坍塌、冒顶片帮、透水、放炮、瓦斯爆炸、火药爆炸、锅炉爆炸、容器爆炸、其他爆炸、中毒和窒息、其他伤害等。

（5）事故隐患。一般对隐患的解释是，隐患是潜藏着的祸患，即隐藏不露、潜在的危险性大的事情或灾害。事故隐患泛指生产系统中可导致事故发生的人的不安全行为、物的不安全状态和管理上的缺陷。在生产过程中，凭着对事故发生与预防规律的认识，制定生产过程中物的状态、人的行为和环境条件的标准、规章、规定、规程等，就可以预防事故的发生。

2. 事故预防与控制的基本原则

事故预防与控制包括两部分内容，即事故预防和事故控制，前者是指通过采用技术和管理手段使事故不发生，后者是通过采取技术和管理手段使事故发生后不造成严重后果或使后果尽可能减小。对于事故的预防与控制，应从安全技术、安全教育、安全管理等三方面，采取相应措施。安全技术对策是着重解决物的不安全状态问题。安全教育对策和安全管理对策则主要着眼于人的不安全行为问题，安全教育对策主要使人知道：在哪里存在危险源，如何导致事故，事故的可能性和严重程度如何，对于可能的危险应该怎么做；安全管理措施则是要求必须怎么做。

（1）防止事故发生的安全技术。防止事故发生的安全技术是指为了防止事故的发生，采取的约束、限制能量或危险物质，防止其意外释放的技术措施。常用的防止事故发生的安全技术有消除危险源、限制能量或危险物质、隔离等。

1）消除危险源。消除系统中的危险源，可以从根本上防止事故的发生。但是，按照现代安全工程的观点，彻底消除所有危险源是不可能的。因此，人们往往首先选择危险性较大、在现有技术条件下可以消除的危险源，作为优先考虑的对象。可以通过选择合适的工艺、技术、设备、设施，合理结构形式，选择无害、无毒或不能致人伤害的物料来彻底消除某种危险源。

2）限制能量或危险物质。限制能量或危险物质可以防止事故的发生，如：减少能量或危险物质的量，防止能量蓄积，安全地释放能量等。

3）隔离。隔离是一种常用的控制能量或危险物质的安全技术措施。采取隔离技术，既可以防止事故的发生，又可以防止事故的扩大，减少事故的损失。

4）故障-安全设计。在系统、设备、设施的一部分发生故障或破坏的情况下，在一定时间内也能保证安全的技术措施称为故障-安全设计。通过设计，使得系统、设备、设施发生故障或事故时处于低能状态，防止能量的意外释放。

5）减少故障和失误。通过增大安全系数、增加可靠性或设置安全监控系统等来减轻物的不安全状态，减少物的故障或事故的发生。

（2）减少事故损失的安全技术。防止意外释放的能量引起人的伤害或物的损坏，或减轻其对人的伤害或对物的损坏的技术称为减少事故损失的安全技术。在事故发生后，迅速控制局面，防止事故扩大，避免引起二次事故发生，从而降低事故造成的损失。常用的降低事故损失的安全技术有隔离、个体防护、设置薄弱环节、避难与救援等。

1）隔离。作为降低事故损失的隔离，是把被保护对象与意外释放的能量或危险物质等隔开。隔离措施按照被保护对象与可能致害对象的关系可分为：隔开、封闭和缓冲等。

2）个体防护。个体防护是把人体与意外释放能量或危险物质隔离开，是一种不得已的隔离措施，是保护人身安全的最后一道防线，如戴安全帽、挂接地线等。

3）设置薄弱环节。利用事先设计好的薄弱环节，使事故能量按照人们的意图释放，防止能量作用于被保护的人或物。如锅炉上的爆破片、易熔塞、电路中的熔断器等。

4）避难与救援。设置避难场所，当事故发生时人员可暂时躲避，保证其免遭伤害，赢得救援的时间。应事先选择撤退路线，当事故发生时，人员按照撤退路线迅速撤离。事故发生后，组织有效的应急救援力量，实施迅速的救护，是减少事故人员伤亡和财产损失的有效措施。

此外，安全监控系统作为防止事故发生和减少事故的安全技术，是发现系统故障和异常的重要手段。安装安全监控系统，可以及早发现事故，获得事故发生、发展的数据，避免事故发生或降低事故的损失。

1.2.2　电力事故及级别

根据《生产安全事故报告和调查处理条例》（国务院 493 号令）、《电力安全事故应急处置和调查处理条例》（国务院 599 号令）、《国务院关于修改〈特种设备安全监察条例〉的决定》（国务院 549 号令）、《关于调整火灾等级标准的通知》（公消〔2007〕234 号）等有关法规制定的《国家电网公司安全事故调查规程》规定：安全事故（事件）共分八级，依次为特别重大事故（一级事件）、重大事故（二级事件）、较大事故（三级事件）、一般事故（四级事件）、五级事件、六级事件、七级事件、八级事件。

1. 人身伤亡事故

《国家电网公司安全事故调查规程》规定发生以下情况之一者定为人身伤亡事故。

（1）在国家电网有限公司系统各单位工作场所或承包租赁的工作场所发生的人身伤亡（含生产性急性中毒造成的伤亡）。

（2）被单位外派到用户工程工作（外委）发生的人身伤亡。

（3）单位组织的集体外出活动过程中发生的人身伤亡。

（4）乘坐单位组织的交通工具发生的人身伤亡。

（5）员工因公外出发生的人身伤亡。

2. 人身伤亡事故等级

（1）特别重大事故（一级人身伤亡事件）：一次事故造成30人以上死亡，或者100人以上重伤者。

（2）重大事故（二级人身伤亡事件）：一次事故造成10人以上30人以下死亡，或者50人以上100人以下重伤者。

（3）较大事故（三级人身伤亡事件）：一次事故造成3人以上10人以下死亡，或者10人以上50人以下重伤者。

（4）一般事故（四级人身伤亡事件）：一次事故造成3人以下死亡，或者10人以下重伤者。

3. 电网事故等级

（1）特别重大事故（一级电网事件）。有下列情形之一者，为特别重大事故：

1）造成区域性电网或者电网负荷20000MW以上的省、自治区电网减供负荷30%者。

2）造成电网负荷5000MW以上20000MW以下的省、自治区电网减供负荷40%以上者。

3）造成直辖市电网减供负荷50%以上，或者60%以上供电用户停电者。

4）造成电网负荷2000MW以上的省、自治区人民政府所在地城市电网减供负荷60%以上，或者70%以上供电用户停电者。

（2）重大事故（二级电网事件）。有下列情形之一者，为重大事故：

1）造成区域性电网减供负荷10%以上30%以下者。

2）造成电网负荷20000MW以上的省、自治区电网减供负荷 13％以上 30％以下者。

3）造成电网负荷 5000MW 以上 20000MW 以下的省、自治区电网减供负荷 16％以上 40％以下者。

4）造成电网负荷 1000MW 以上 5000MW 以下的省、自治区电网减供负荷 50％以上者。

5）造成直辖市电网减供负荷 20％以上 50％以下，或者 30％以上 60％以下的供电用户停电者。

6）造成电网负荷 2000MW 以上的省、自治区人民政府所在地城市电网减供负荷 40％以上 60％以下，或者 50％以上 70％以下供电用户停电者。

7）造成电网负荷 2000MW 以下的省、自治区人民政府所在地城市电网减供负荷 40％以上，或者 50％以上供电用户停电者。

8）造成电网负荷 600MW 以上的其他设区的市电网减供负荷 60％以上，或者 70％以上供电用户停电者。

（3）较大事故（三级电网事件）。有下列情形之一者，为较大事故：

1）造成区域性电网减供负荷 7％以上 10％以下者。

2）造成电网负荷 20000MW 以上的省、自治区电网减供负荷 10％以上 13％以下者。

3）造成电网负荷 5000MW 以上 20000MW 以下的省、自治区电网减供负荷 12％以上 16％以下者。

4）造成电网负荷 1000MW 以上 5000MW 以下的省、自治区电网减供负荷 20％以上 50％以下者。

5）造成电网负荷 1000MW 以下的省、自治区电网减供负荷 40％以上者。

6）造成直辖市电网减供负荷达到 10％以上 20％以下，或者 15％以上 30％以下供电用户停电者。

7）造成省、自治区人民政府所在地城市电网减供负荷 20％以上 40％以下，或者 30％以上 50％以下供电用户停电者。

8）造成电网负荷 600MW 以上的其他设区的市电网减供负荷

40%以上60%以下，或者50%以上70%以下供电用户停电者。

9）造成电网负荷600MW以下的其他设区的市电网减供负荷40%以上，或者50%以上供电用户停电者。

10）造成电网负荷150MW以上的县级市电网减供负荷60%以上，或者70%以上供电用户停电者。

11）发电厂或者220kV以上变电站因安全故障造成全厂（站）对外停电，导致周边电压监视控制点电压低于调度机构规定的电压曲线值20%并且持续时间30min以上，或者导致周边电压监视控制点电压低于调度机构规定的电压曲线值10%并且持续时间1h以上者。

（4）一般事故（四级电网事件）。有下列情形之一者，为一般事故：

1）造成区域性电网减供负荷4%以上7%以下者。

2）造成电网负荷20000MW以上的省、自治区电网减供负荷5%以上10%以下者。

3）造成电网负荷5000MW以上20000MW以下的省、自治区电网减供负荷6%以上12%以下者。

4）造成电网负荷1000MW以上5000MW以下的省、自治区电网减供负荷10%以上20%以下者。

5）造成电网负荷1000MW以下的省、自治区电网减供负荷25%以上40%以下者。

6）造成直辖市电网减供负荷5%以上10%以下，或者10%以上15%以下供电用户停电者。

7）造成省、自治区人民政府所在地城市电网减供负荷10%以上20%以下，或者15%以上30%以下供电用户停电者。

8）造成其他设区的市电网减供负荷20%以上40%以下，或者30%以上50%以下供电用户停电者。

9）造成电网负荷150MW以上的县级市电网减供负荷40%以上60%以下，或者50%以上70%以下供电用户停电者。

10）造成电网负荷150MW以下的县级市电网减供负荷40%

以上，或者 50％以上供电用户停电者。

11）发电厂或者 220kV 以上变电站因安全故障造成全厂（站）对外停电，导致周边电压监视控制点电压低于调度机构规定的电压曲线值 5％以上 10％以下并且持续时间 2h 以上者。

12）发电机组因安全故障停止运行超过行业标准规定的小修时间两周，并导致电网减供负荷者。

4．设备事故等级

（1）特别重大事故（一级设备事件）。有下列情形之一者，为特别重大事故：

1）造成 1 亿元以上直接经济损失者。

2）600MW 以上锅炉爆炸者。

3）压力容器、压力管道有毒介质泄漏，造成 15 万人以上转移者。

（2）重大事故（二级设备事件）。有下列情形之一者，为重大事故：

1）造成 5000 万元以上 1 亿元以下直接经济损失者。

2）600MW 以上锅炉因安全故障中断运行 240h 以上者。

3）压力容器、压力管道有毒介质泄漏，造成 5 万人以上 15 万人以下转移者。

（3）较大事故（三级设备事件）。有下列情形之一者，为较大事故：

1）造成 1000 万元以上 5000 万元以下直接经济损失者。

2）锅炉、压力容器、压力管道爆炸者。

3）压力容器、压力管道有毒介质泄漏，造成 1 万人以上 5 万人以下转移者。

4）起重机械整体倾覆者。

5）供热机组装机容量 200MW 以上的热电厂，在当地人民政府规定的采暖期内同时发生 2 台以上供热机组因安全故障停止运行，造成全厂对外停止供热并且持续时间 48h 以上者。

（4）一般事故（四级设备事件）。有下列情形之一者，为一般事故：

1）造成 1000 万元以下直接经济损失，或者由于特种设备事件造成 1 万元以上 1000 万元以下直接经济损失者。

2）压力容器、压力管道有毒介质泄漏，造成 500 人以上 1 万人以下转移者。

3）电梯轿厢滞留人员时间 2h 以上者。

4）起重机械主要受力结构件折断或者起升机构坠落者。

5）供热机组装机容量 200MW 以上的热电厂，在当地人民政府规定的采暖期内同时发生 2 台以上供热机组因安全故障停止运行，造成全厂对外停止供热并且持续时间 24h 以上者。

【案例 1-2】 1993 年 3 月 10 日 14 时 07 分 24 秒，宁波某发电厂 1 号机组锅炉发生特大炉膛爆炸事故，造成人员伤亡严重，死 23 人，伤 24 人（重伤 8 人），直接经济损失 778 万元。该机组停运 132 天，少发电近 14 亿 kWh。

1.2.3 发生事故的基本原因

造成安全生产事故的原因主要有人的不安全行为、物的不安全状态、环境的原因、管理上的缺陷。

1. 人的不安全行为

人（操作员工、管理人员、其他有关人员）的不安全行为是事故发生的重要原因。主要包括：

（1）未经许可进行操作，忽视安全，忽视警告。

（2）冒险作业和违章操作。

（3）人为原因使安全装置失效。

（4）使用不安全设备，用手代替工具进行操作或违章作业。

（5）不安全地装载、堆放、组合物体。

（6）采取不安全的作业姿势或方位。

（7）在有危险的运转设备装置上或移动的设备上进行工作；不停机，边工作边检修。

（8）注意力分散，嬉闹、恐吓等。

2. 物的不安全状态

物包括原料、燃料、动力、设备、工具、成品、半成品等的不安全状态是构成事故的物质基础。物的不安全状态构成生产中的隐患和危险源，当它满足一定条件时，就会转化为事故。物的不安全状态有以下几种：

（1）设备和装置的结构不良，材料强度不够，零部件磨损和老化。

（2）存在危险物和有害物。

（3）工作场所的面积狭小或有其他缺陷。

（4）安全防护装置失灵。

（5）缺乏防护用具和服装或防护用具存在缺陷。

（6）物质的堆放、整理有缺陷。

（7）工艺过程不合理，作业方法不安全。

3. 环境的原因

不安全的环境是引起事故的物质基础，通常指的是：

（1）自然环境的异常，即岩石、地质、水文、气象等的恶劣变异。

（2）生产环境不良，即照明、温度、湿度、通风、采光、噪声、振动、空气质量、颜色等方面的存在缺陷。

以上人的不安全行为、物的不安全状态以及环境的恶劣状态都是导致事故发生的直接原因。

4. 管理的缺陷

（1）安全规章制度（包括设备巡检）、操作规程、岗位责任制、相应预防措施、安全注意事项和物流管理程序等，未建立、不健全或不完善、不落实。

（2）劳动组织不合理。

（3）对现场工作缺乏检查指导，或检查指导失误。

（4）挪用安全措施费用，不认真实施事故防范措施，对安全隐患整改不力。

（5）教育培训不够，工作人员不懂操作技术知识或经验不足，缺乏安全知识。

（6）人员选择和使用不当，生理或身体有缺陷，如有疾病，听力、视力不良等。

管理上的缺陷是事故的间接原因，是事故的直接原因得以存在的条件。

【案例 1-3】 2001 年 3 月 30 日下午，某电厂进行 110kV 4 号母线清扫、115 开关换油工作。电气主任蒋××擅自扩大工作范围，未办理工作票，就决定清扫 115-4 隔离开关。工作负责人陈××没有设置遮拦，而且错将梯子移至带电的 114-4 隔离开关处，同时摘掉 114-4 隔离开关处的"止步，高压危险"警示牌。检修工蔡××到现场后，在陈××的催促下未核对隔离开关的编号，加之验电器损坏，未进行验电便登上带电隔离开关，蔡××后因电弧烧伤致死。

1.2.4　做好安全工作，防止事故发生

安全工作关系到国家财产和人民生命安全，关系到企业的经济效益和人民群众的切身利益，关系到社会的稳定。因此，必须做好企业生产的安全工作，防止事故发生。做好安全生产工作，防止事故发生的基本方法如下：

（1）坚持"安全第一，预防为主，综合治理"的方针。"安全第一，预防为主，综合治理"是我国安全生产的基本方针。"安全第一"是说，如果安全与进度、效益、质量发生矛盾时，则必须把安全放在第一位。因为，安全是人命关天的大事，一旦发生安全事故，则无法挽回，无法向职工、家属、社会和百姓交待。"预防为主"是说，为了避免安全事故的发生，扎扎实实、认真细致地做好安全预防工作，要防患于未然，要把工作的重点放在预测、预控、预防上。只有这样，才可以做到不发生事故。所以，预防是安全的基础，安全工作必须以预防为主。"综合治理"是说，必须适应我国安全生产形势的要求，自觉遵循安全生产规律，正视安全生产工作的长期性、艰巨性和复杂性，抓住安全生产工作中的主要矛盾和关键环节，综合运用经济、法律、行

18

政等手段，人管、法治、技防多管齐下，并充分发挥社会、职工、舆论的监督作用，有效解决安全生产领域的问题。

坚持"安全第一，预防为主，综合治理"的方针，符合国家和人民根本利益，体现和反映了电力安全生产的基本规律，符合电力工业的特点和发展的客观要求，实践表明，只要坚持这一基本方针。电力安全生产就顺利，背离这一方针，电力生产事故频发，严重影响电力安全生产。

坚持"安全第一，预防为主，综合治理"的方针，要求电力企业各级领导要正确处理安全与生产的关系，要把安全与生产统一起来。抓生产首先要抓安全，要在思想上真正做到，在生产与安全发生矛盾时，生产要服从安全，切实把安全摆在第一位。

坚持"安全第一，预防为主，综合治理"的方针，要求企业各级领导要正确处理安全与效益、进度、多种经营的关系，在这些关系中，必须树立"安全第一"的思想。

坚持"安全第一，预防为主，综合治理"的方针，必须加强电力生产全过程的安全管理，在电力生产的每一阶段和各个环节上，都必须从人员、设备、制度、技术标准等各方面，全面加强安全管理，落实保证安全和质量的各项措施。

（2）认真执行有关法律、法规，落实各级安全生产责任制。要认真贯彻执行《安全生产法》《电力法》《劳动法》及与之配套的各项法律、法规，认真贯彻落实各级、各类电力企业关于安全生产方面的各项规程、规定、制度。通过深入、细致地贯彻执行一系列安全生产的法律、法规、规程、规定、规章制度，使安全生产管理工作建立在稳固基础上，为稳定安全生产提供良好条件。

电力企业已颁发了各级安全生产责任制，各级人员应该明确各自的安全责任。只有做到各级领导、各级各类人员、各个部门和各工作岗位安全生产职责明确，各司其职，各负其责，实现"横向到边，纵向到底"的全员安全生产责任制，并落实安全生产责任制，才能够防止各类事故的发生。

（3）建立、健全安全生产管理机构，加强安全监察工作。根据电力安全生产的需要，建立各级安全管理机构。各级各类电力企业均设置独立的安全监督机构，各企业设置由企业安全监督人员、车间安全员、班组安全员组成的三级安全网。安全机构和安全网均实行下级接受上级的安全监督制度。

为了保证电力安全生产，一定要建立、健全安全监察和安全生产管理体系，一定要完善安全生产管理机构，各级安全监察和安全生产管理人员要更有效地发挥作用。安全生产管理机构要直接向安全生产第一责任人或安全生产主管领导报告工作。另外，要加强安全监察和安全主管体系的建设，安全监察人员要熟悉业务，实事求是，作风正派，勇于坚持原则，秉公办事，自觉和模范地执行有关法律、法规、规程、制度，尽职尽责做好本职工作。

（4）治理隐患，落实反事故措施，提高设备完好率。提高设备完好率是提高安全生产工作水平的硬件基础。抓紧治理隐患，特别是治理重大隐患是有效防止重大、特大事故发生的重要一环。各电力企业要加强设备维护，提高检修质量，及时消除事故隐患，要把重大事故隐患的辨识、评价、整改列入重要议事日程，对随时可能发生的重大隐患，必须采取果断措施，坚决整改，不能存有任何侥幸心理和麻痹思想；要注意改善设备性能，增加和完善保证安全的技术手段；企业的主要负责人，要亲自出马，对所管辖的设备、系统要加强巡视检查，定期进行安全大检查，达到查清事故隐患，落实整改措施，使设备一直保持良好状态；各单位要按照电力企业关于反事故措施的要求，加强设备的可靠性管理，充分利用可靠性管理信息和手段，结合本单位实际情况，及时制订和落实各项反事故措施和技术措施，不断提高设备完好率。

（5）提高安全生产管理水平。提高安全生产管理水平主要做好下述三个方面的工作：

1）提高安全生产水平，必须强化管理，必须从"严、细、实"三个字做起。"严"就是要严格管理，严格要求，敢抓敢管，要一丝不苟。在安全管理上要突出一个"严"字。对人要求严格，首先要对自己要求严格；对下级要求严格，首先要领导自己对自己要求严格，以身作则；要从严查处重大事故的责任者，改变目前失之于轻、失之于宽的状态，要坚持重大事故的追究制度，要把安全生产的业绩与对干部的考核结合起来。"细"就是要深入实际，从细微处做起，从点滴做起，要见微知著，防微杜渐。以控制轻伤，防止重伤，杜绝死亡；以控制异常，减少障碍，防止事故，杜绝重大、特大事故。目前，安全管理还处于粗放型，还停留在一般性号召上，不愿做一些深入细致的工作，常以文件贯彻文件，以会议贯彻会议，看起来该做的做了，文件一级一级下达了，但可操作性的东西不多，效果并不理想。"实"就是踏踏实实，从实际出发，不是停留在口头上，不是写在文章里，说给别人听，写给别人看，一切工作必须讲实效，狠抓落实。"严、细、实"三个字说起来简单，做起来并不容易，真正做到了，做好了，必有显著效果。

2）提高安全生产水平，必须实行科学管理。我国电力工业安全监察和管理工作，经过了几十年的实践，形成了一整套较为完善的规章制度和办法，在继续总结和提高的基础上，还要积极研究、开发和采用必要的新技术，进一步夯实安全工作的基础，努力实现安全管理工作的科学化、制度化、规范化。目前，在电力企业中开展的安全性评价工作，就是现代安全管理的一种科学方法。安全性评价是指借鉴国外"风险评估"等现代方法，在总结我国电力工业安全管理经验的基础上，对生产设备、劳动安全和作业环境及安全管理三方面进行查评诊断，根据得分情况，判断其安全可靠性的程度，以达到预知危险性，采取防范措施，减少和消灭事故的目的。在进行安全性评价的时候，根据《安全性评价标准》逐条对照、逐一评分，通过全方位安全性评价，可以发现许多隐患和不安全因素，并针对薄弱环节，制订整改措施，限期整改。

3）提高安全水平，必须思想教育和机制建设双管齐下，做到安全意识与安全责任同时到位，奖罚同时到位。机制建设是指建立健全安全生产的各级责任制和监督、保证体系，把安全生产作为电力企业管理的重要组成部分和基础工作，使安全生产成为全体电力职工的自觉意识和自觉行动，渗透到电力企业工作的各个方面。安全工作不是一劳永逸的，也没有捷径可走，靠的是认真负责的态度和科学细致的管理。一方面要加强对职工的安全思想教育，提高职工的安全意识，另一方面要重点加强安全管理的机制建设，强化安监工作。要严格监督与考核，真正体现以责论处、重奖重罚，实现责权利的相互统一，充分调动全体职工的积极性，真正使职工从要我安全到我要安全的思想转变。

（6）加强教育培训，不断提高职工的素质和业务水平。加强职工教育培训，提高职工素质是电力企业一项长期而艰巨的工作。通过教育培训，提高职工的安全意识、工作责任感、业务技能，减少或避免事故的发生。教育培训要常抓不懈，要形成规范的教育培训制度。教育培训，重在提高职工的安全意识、安全知识和安全技能，要注重效果，现在很多基层单位，安全培训搞了，但走过场，流于形式，实效不明显。现在的年轻人，他们只注重科技理论的学习，而忽视业务技能的培养，缺乏对问题的分析能力，因此，教育培训一定要讲实效，要采用强制持证上岗，教育培训要有记录可查等措施。

（7）采取切实可行的措施，保证电网安全稳定运行。电网的安全问题相比于一般的安全生产问题更为重要，保证电网的安全稳定运行是电力生产的头等大事。现在的电网容量越来越大，自动化程度越来越高，供电范围越来越广，全国联网、甚至跨国联网已近在眼前。现代电网发生事故其损失和危害是无法估量的，因此，电网的稳定问题是一个最突出的问题，一旦电网发生稳定事故，就可能是灾难性的。在电网的建设和管理上，实行"统一规划、统一建设、统一管理、统一调度"。要优化电网结构，建设运行灵活的输电网络。运行管理和实时调度不仅要考虑 $N—1$ 的情况，而且要考虑失去两条及以上线路等最不利的运行方式

（特殊运行方式）。要以科技进步为手段，加强一、二次设备的检修管理，加强对继电保护和安全自动装置的运行维护。还要严格执行调度纪律，严格执行安全工作规程，杜绝由于系统误调度、发电厂（变电站）误操作事故引发的电网事故，确保电网安全稳定运行，防止大面积停电事故的发生。

第 2 章

人身电击及防护

人体触及带电体并形成电流通路，造成对人体伤害称为电击。在电能的生产、输送和使用过程中，如果不懂得电的安全知识、不采取可靠的防护措施或者违反《电力安全工作规程》，就可能发生触电事故。在电气工作中，人身伤亡事故很大部分是因电击造成的。因此，电击与防护的研究是关系到人民生命安全的重要课题。

本章介绍电对人体的效应和人体电击机理方面的研究结果、人体电击的方式及防止发生电击的技术措施、电击急救的方法。

职业岗位群应知应会目标：

（1）理解电流对人体的伤害；

（2）熟悉电击伤害的影响因素；

（3）了解各种形式的触电方式；

（4）了解发生电击事故的原因；

（5）掌握安全接地的技术措施；

（6）掌握安全电压及使用场合；

（7）了解过电压种类，掌握各级电压的安全距离；

（8）掌握触电急救的方法。

2.1 电对人体的作用

2.1.1 电流对人体产生的生理效应

电对人体作用影响因素很多，在同样情况下，不同的人产生的生理效应不完全相同，即使同一个人，在不同的环境、不同的生理状态下，所产生的生理效应也不相同。通过各种数据、资料的研究表明，电对人体的伤害，主要来自电流。

电流流过人体时，电流的热效应产生的高温会引起肌体烧伤、碳化或某些器官发生损坏；肌体内的体液或其他组织发生分解作用，从而使各种组织的结构和成分遭到严重破坏；肌体的神经组织或其他组织因受到刺激而兴奋，内分泌失调，使人体内部的生物电被破坏；产生一定的机械外力引起肌体的机械性损伤。因此，电流流过人体时，人体会产生不同程度的刺麻、酸疼、打击感，并伴随不自主的肌肉收缩、心慌、惊悸等症状，伤害严重时会出现心律不齐、昏迷、心跳呼吸停止直至死亡。

【案例 2-1】 2003 年 4 月 29 日，内蒙古某电厂 220kV 变电站停电清扫 2541 隔离开关。开始工作后，工人吴××从班里取安全带返回工作现场，让配电班长安排工作。配电班长未核对设备编号，误将梯子放到带电的 2542 隔离开关间隔 C 相引流线支持绝缘子架构处，并让吴××上去作业。吴××也未核对设备编号及检查安全措施即往上登，造成 220kV 母线引下线对其人体放电，致使吴××灼烧成重伤。

2.1.2　电流对人体的伤害

电流对人体的伤害可以分为电伤和电击两种类型。

1. 电伤

电伤是指由于电流的热效应、化学效应和机械效应对人体的外表造成的局部伤害，如电灼伤、电烙印、皮肤金属化等。电伤在不是很严重的情况下，一般无致命危险，见表 2-1。

2. 电击

电击是指电流流过人体内部对人体内部器官造成伤害，见表 2-2。

表 2-1 电 伤

电伤类型	伤害部位	伤害后果
电灼伤	接触灼伤发生在高压电击事故时，电流流过的人体皮肤进出口处	一般进口处比出口处灼伤严重，接触灼伤的面积较小，但深度大，大多为 3 度灼伤，灼伤处呈现黄色或褐黑色，并可伤及皮下组织、肌腱、肌肉及血管，甚至使骨骼呈现碳化状态，一般需要治疗的时间较长
	当发生带负荷误拉、合隔离开关或带地线合隔离开关时，所产生的强烈电弧都可能引起电弧灼伤	其情况与火焰烧伤相似，会使皮肤发红、起泡，组织烧焦、坏死
电烙印	发生在人体与带电体之间有良好接触的部位处	在人体不被电击的情况下，在皮肤表面留下与带电接触体形状相似的肿块痕迹。电烙印边缘明显，颜色呈灰黄色，有时在电击后，电烙印并不立即出现，而在相隔一段时间后才出现。电烙印一般不发炎或化脓，但往往造成局部麻木和失去知觉
皮肤金属化	高温电弧使周围金属熔化、蒸发并飞溅渗透到皮肤表面	皮肤金属化以后，表面粗糙、坚硬。金属化后的皮肤经过一段时间后方能自行脱离，对身体机能不会造成明显不良后果

表 2-2 电 击

影响部位	伤害后果
当电流流过人体时造成人体内部器官，如呼吸系统、血液循环系统、中枢神经系统等发生变化，严重时会导致休克乃至死亡	流过心脏的电流过大、持续时间过长，引起"心室纤维性颤动"而致死占电击致死比例最大，也是最根本的原因之一
	因电流作用使人产生窒息而死亡
	因电流作用使心脏停止跳动而死亡

2.1.3 电击伤害的影响因素

1. 电流强度及电流持续时间

当不同大小电流流经人体时，往往有各种不同的感觉，通过的电流愈大，人体的生理反应愈明显，感觉也愈强烈。按电流通过人体时的生理机能反应和对人体的伤害程度，可将电流分成三级，流经人体电流分级见表 2-3。

表 2-3　　　　　　　　　流经人体电流分级

电流级别	危险性	人体感受	其他
感知电流	使人体能够感觉，但不遭受伤害的电流	感知电流通过时人体有麻酥、针刺感	感知电流的最小值为感知阈值
摆脱电流	人体触电后能够自主摆脱的电流	摆脱电流通过时人体除麻酥、针刺感外，主要是疼痛、心律障碍感	摆脱电流的最小值是摆脱阈值
致命电流	人体触电后危及生命的电流	主要原因是发生"心室纤维性颤动"而导致触电死亡	致命电流的最小值为致颤阈值

电流对人体的伤害与流过人体电流的持续时间有密切的关系。电流持续时间越长，其对应的致颤阈值越小，对人体的危害越严重。这是因为时间越长，体内积累的外能量越多，人体电阻因出汗及电流对人体组织的电解作用而变小，使伤害程度进一步增加；另外，人的心脏每收缩、舒张一次，中间约有 0.1s 的间隙，在这 0.1s 的时间内，心脏对电流最敏感，若电流在这一瞬间通过心脏，即使电流很小（几十毫安），也会引起心室颤动。显然，电流持续时间越长，重合这段危险期的概率越大，危险性也越大。一般认为，工频电流 15～20mA 以下及直流 50mA 以下，对人体是安全的，但如果持续时间很长，即使电流小到 8～10mA，也可能使人致命。交、直流电流对人体产生效应的时间——电流区域曲线如图 2-1 所示。

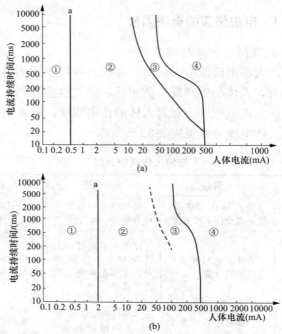

图 2-1　交、直流电流对人体产生效应的时间—电流区域曲线
(a) 交流电流；(b) 直流电流

由曲线可见，人体流过不同电流及通电时间时的反应可分为四个区域，见表 2-4。

表 2-4　　　　人体流过不同电流及通电时间时的反应

区域	特点	交流	直流
安全区①	此区域中的电流流过人体时，人体一般是没有感觉的，且与接触时间的长短没有关系	人体对交流的无感知电流小于 0.5mA	人体对直流的无感知电流小于 2mA
感知区②	此区域内，一般人体都能感受到电流，可以自由摆脱，通常不会发生危险	①区和②区的交界线 a 为感知阈值。人体对交流电流的感知阈值为 0.5mA	在感知电流范围内，人体并没有感觉，只有在接通和断开时人体才有感知。人体对直流电流的感知阈值为 2mA

区域	特点	交流	直流
不易摆脱区③	这个区域内，通常不易摆脱，人体会发生明显的电流效应，如肌肉收缩，呼吸困难，形成心脏搏动和心脏搏动传导的可恢复性混乱，但一般不会损害有机组织，不会发生心室纤维性颤动而死亡	②区与③区的交界即为摆脱阈值，它随触电时间的延长而下降，对交流电而言，当接触时间 t 为 0.02s 时，人体的摆脱阈值为 500mA，当 t 为 10s 时，摆脱阈值为 10mA	直流电流低于 300mA 时，没有确定的摆脱阈值
致颤区④	此区电流流过人体时，会发生心室纤维性颤动，可能导致死亡	③区与④区的交界线为致颤阈值，也与触电时间有关，且随 t 的延长而下降。对交流电，当触电时间为 0.1s、电流为 400mA 时，人体就可能发生心室纤维性颤动；若持续时间为 2s，则在 30mA 时人体也会产生心室纤维性颤动	直流的致颤阈值在持续时间 t 长于一个心脏跳动周期（约 1s）的电流冲击时，要比交流的高几倍；对 t 小于 0.2s 的电流冲击，与交流致颤阈值大致相等

2. 人体电阻

人体触电时，流过人体的电流在接触电压一定时由人体的电阻决定，人体电阻愈小，流过的电流则愈大，人体所遭受的伤害也愈大。

人体的不同部分（如皮肤、血液、肌肉及关节等）对电流呈现出一定的阻抗，即人体电阻。其大小不是固定不变的，它取决于许多因素，如接触电压、电流途径、持续时间、接触面积、温度、压力、皮肤厚薄及完好程度、潮湿、脏污程度等。总的来讲，人体电阻由体内电阻和表皮电阻组成。

体内电阻是指电流流过人体时，人体内部器官呈现的电阻。

它的数值主要决定于电流的通路。当电流流过人体内不同部位时，体内电阻呈现的数值不同。电阻最大的通路是从一只手到另一只手，或从一只手到另一只脚或双脚，这两种电阻基本相同。电流流过人体其他部位时，呈现的体内电阻都小于此两种情况下的电阻值。从安全角度，一般认为人体的体内电阻为 500Ω 左右。

表皮电阻指电流流过人体时，两个不同触电部位皮肤上的电极和皮下导电细胞之间的电阻之和。表皮电阻随外界条件不同而在较大范围内变化。当电流、电压、电流频率及持续时间、接触压力、接触面积、温度等增加时，表皮电阻会下降。当皮肤受伤甚至破裂时，表皮电阻会随之下降，甚至降为零。可见，人体电阻是一个变化范围较大，且决定于许多因素的变量，只有在特定条件下才能测定。一般情况下，人体电阻可按 $1000\sim2000\Omega$ 考虑，在安全程度要求较高的场合，人体电阻可按不受外界因素影响的体内电阻（500Ω）来考虑。

3. 作用于人体的电压

当人体电阻一定时，作用于人体电压越高，则流过人体的电流越大，其危险性也越大。实际上，通过人体电流的大小，并不与作用于人体的电压成正比，随着作用于人体电压的升高，因皮肤破裂及体液电解使人体电阻下降，导致流过人体的电流迅速增加，对人体的伤害也就更加严重。

4. 电流路径

电流通过人体的路径不同，使人体出现的生理反应及对人体的伤害程度是不同的。电流通过人体头部会使人立即昏迷，严重时，使人死亡；电流通过脊髓，使人肢体瘫痪；电流通过呼吸系统，会使人窒息死亡；电流通过中枢神经，会引起中枢神经系统严重失调而导致死亡；电流通过心脏会引起心室"纤维性颤动"，心脏停搏造成死亡。电流通过人体的各种路径中，哪种电流路径通过心脏的电流分量大，其触电伤害程度就大。左手至脚的电流路径，心脏直接处于电流通路内，因而是最危险的；右手至脚的电流路径的危险性相对较小。电流从左脚至右脚这一电流路径，危险性相对最小，但人体可能因痉挛而摔倒，导致电流通过全身或发生二次事故而产生严重后果。电流路径与流经心脏的电流比例关系见表2-5。

表 2-5 　　　　　电流路径与流经心脏的电流比例关系

电流路径	左手至脚	右手至脚	左手至右手	左脚至右脚
流经心脏的电流与通过人体总电流的比例（%）	6.4	3.7	3.3	0.4

5. 电流种类及频率的影响

电流种类不同，对人体的伤害程度不一样。当电压在250～300V时，触及频率为50Hz的交流电比触及相同电压的直流电的危险性大3～4倍。不同频率的交流电流对人体的影响也不相同。通常50～60Hz的交流电对人体危险性最大，低于或高于此频率的电流对人体的伤害程度要显著减轻。但高频率的电流通常以电弧的形式出现，因此有灼伤人体的危险。频率在20kHz以上的交流小电流，对人体已无危害，所以在医学上可用于理疗。

6. 人体状态的影响

电流对人体的作用与人的年龄、性别、身体及精神状态有很大关系。一般情况下，女性比男性对电流敏感，小孩比成人敏感。在同等电击情况下，妇女和小孩更容易受到伤害。此外，患有心脏病、精神病、结核病、内分泌器官疾病或酒醉的人，因电击造成的伤害都将比正常人严重；相反，一个身体健康、从事体力劳动和经常参加体育锻炼的人，由电击造成的伤害相对会轻一些。

【案例2-2】 2004年11月3日上午，在河北省某220kVⅡ回线路工程（双回共杆线路）中，在同杆架设的Ⅰ回线运行的情况下，进行N44号终端塔进线档的放紧线施工。9时30分左右，在进行中间B相导线紧线作业的过程中，高空安全监护人杨××（男，34岁）发现牵引绳将下方A相导线上的接地线线夹碰落。

于是，杨××在未请示施工负责人的情况下亲自去进行处理。当其右手持接地线准备挂时，左小腿外侧触及导线侧均压环，形成了均压环—人体—接地线—铁塔的导电回路，杨××被感应电击倒在绝缘子串上，经抢救无效死亡。

2.1.4　电磁感应电压对人体的伤害

运行中的导体周围存在交变电磁场，因而会在其附近的导体上感应出电压，称之为电磁感应电压。此电压的大小与两导体的距离、接近方式、导体流过的电流大小及导体的长度等因素有关。如同杆架设的多回线路或单回路与另一线路有平行段时的电磁感应电压，有时可以达到较高的数值。因此，《电力安全工作规程》规定在有感应电压的停电线路检修作业或试验时，必须将同杆架设的另一回线路或临近的平行线路同时停电。

 做中学，学中做

（1）测量人体电阻。

（2）实验获得感应电。

2.2　对人体的电击方式

2.2.1　电击方式

电击的方式很多，归纳起来有以下三类：

1. 人体与带电体的直接接触电击

人体与带电体的直接接触电击可分为单相电击和两相电击。

【**案例 2-3**】　2007 年 6 月 28 日下午 5 时许，河北省石家庄市某大学宿舍内发生一起学生因私接电线引发的触电事故。该校物理系二年级学生张然（化名）在私自接线时不慎触电，当场死亡。经调查，张然下课后回到宿舍，用两根电线从屋顶上的吊扇电源引出，作为手提电脑的电源。在其从吊扇电源处接线的过程中，因操作不慎，触到了两根电线的外露铜线头，形成电流通路，导致发生触电事故。

（1）单相电击。人体接触三相电网中带电体中的某一相时，电流通过人体流入大地，这种电击方式称为单相电击。

电力网可分为大接地电流系统和小接地电流系统，由于这两种系统中性点的运行方式不同，发生单相电击时，电流经过人体的路径及大小就不一样，电击危险性也不相同。

1）中性点直接接地系统的单相电击如图 2-2 所示。以 380/220V 的低压配电系统为例。当人体触及某一相导体时，相电压作用于人体，电流经过人体、大地、系统中性点接地装置、中性线形成闭合回路。由于接地装置的电阻比人体电阻小得多，则相电压几乎全部加在人体上。设人体电阻 R_r 为 1000Ω，电源相电压 U_x 为 220V，则通过人体的电流 I_r 约为 220mA，远大于人体的摆脱阈值，足以使人致命。一般情况下，工作人员脚上穿有鞋子，有一定的限流作用；人体与带电体之间以及站立点与地之间也存在接触电阻，所以实际电流较 220mA 要小，人体遭受电击后，有时可以摆脱。但人体遭受电击后，慌乱中易造成二次伤害事故（例如高空作业遭受电击时摔到地面等）。所以工作人员工作时应穿合格的绝缘鞋；在配电室的地面上应垫有绝缘橡胶垫以防电击事故的发生。

2）中性点不接地系统的单相电击如图 2-3 所示。当人站立在地面上，接触到该系统的某一相导体时，由于导线与地之间存在对地阻抗 Z_c（由线路的绝缘电阻 R 和对地电容 C 组成），则电流与人体接触的导体、人体、大地、另两相导线对地阻抗 Z_c 构成回路，通过人体的电流与线路的绝缘电阻及对地电容的数值有关。在低压系统中，对地电容 C 很小，通过人体的电流主要决定于线路的绝缘电阻 R。正常情况下，R 相当大，通过人体的电流很小，一般不致造成对人体的伤害；但当线路绝缘下降，R 减小时，单相电击对人体的危害仍然存在。而在高压系统中，线路对地电容较大，则通过人体的电容电流较大，将危及受电击者的生命。

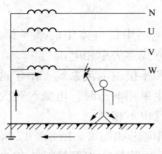

图 2-2　中性点直接接地系统
　　　的单相电击

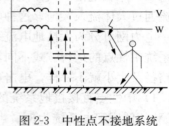

图 2-3　中性点不接地系统
　　　的单相电击

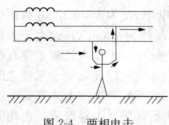

图 2-4　两相电击

（2）两相电击。当人体同时接触带电设备或线路中的两相导体时，电流从一相导体经人体流入另一相导体，构成闭合回路，这种触电方式称为两相电击，如图 2-4 所示。此时，加在人体上的电压为线电压，它是相电压的 $\sqrt{3}$ 倍。通过人体的电流与系统中性点运行方式无关，其大小只决定于人体电阻和人体与之相接触的两相导体的接触电阻之和。因此，它比单相电击的危险性更大，例如，380/220V 低压系统线电压为 380V，设人体电阻为 1000Ω，则通过人体的电流约为 380mA，大大超过人的致颤阈值，足以致人死亡。两相电击多在带电作业时发生，由于相间距离小，安全措施不周全，使人体直接或通过作业工具同时触及两相导体，造成两相电击。

2. 间接电击

间接电击是由于电气设备绝缘损坏发生接地故障，设备金属外壳及接地点周围出现对地电压引起的。它包括跨步电压电击和接触电压电击。

【案例 2-4】 1986 年 5 月 26 日，陕西某县城关供电所抄表工高××在县中学抄表时，由于该电能表安装在窑洞内一个距墙约 30cm 且光线暗淡的配电盘后面，高××未带手电看不清，便用双手去移动该配电盘。不料盘上一根相线的接头因胶布松脱而碰壳，加之该配电盘外壳未接地，致使高××触电死亡。

（1）跨步电压。当电气设备或载流导体发生接地故障时，接地电流将通过接地体流向大地，并在地中接地体周围出现半球形的散流，在以接地故障点为球心的半球形散流场中，靠近接地点处的半球面上，电流密度线密，离开接地点的半球面上电流密度线疏，且愈远愈疏。靠近接地点处的半球面的截面积较小、电阻大，离开接地点处的半球面面积大、电阻减小，且愈远电阻愈小。因此，在靠近接地点处沿电流散流方向取两点，其电位差较远离接地点处同样距离的两点间的电位差大，当离开接地故障点20m 以外时，这两点间的电位差趋于零。我们将两点间电位差为零的地方称为零电位点，即所谓电气"地"。显然，在该接地体周围，对电气"地"而言，接地点处的电位最高为 U_d，离开接地点处，电位逐步降低，其电位分布呈伞形下降。此时，人在该区域内行走时，其两脚之间（一般为 0.8m 的距离）呈现出电位差，此电位差称为跨步电压 U_{kb}。

由跨步电压引起的电击叫跨步电压电击，如图 2-5 所示。图中，在距离接地故障点 8～10m 以内，电位分布的变化率较大，人在此区域内行走，跨步电压高，就有电击的危险；在离接地故障点 8～10m 以外，电位分布的变化率较小，人的两脚之间的电位差较小，跨步电压电击的危险性明显降低。人在受到跨步电压的作用时，电流将从一只脚经腿、胯部、另一只脚与大地构成回路，虽然电流没有通过人体的全部重要器官，但当跨步电压较高时，电击者脚发麻、抽筋、跌倒在地，跌倒后，电流可能会改变路径（如从手至脚）而流经人体的重要器官，使人致命。因此，《电力安全工作规程》规定，发生高压设备、导线接地故障时，室内不得接近故障点 4m 以内，室外不得接近故障点 8m 以内。如果要进入此范围内工作，为防止跨步电压电击，进入人员应穿绝缘鞋。

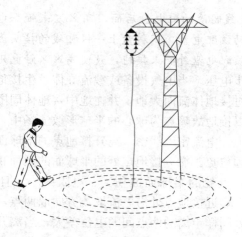

图 2-5　跨步电压电击

　　需要指出，跨步电压电击还可能发生在另外一些场合，例如，避雷针或者是避雷器动作，其接地体周围的地面也会出现伞形电位分布，同样会发生跨步电压电击。

　　(2) 接触电压电击。在正常情况下，电气设备的金属外壳是不带电的，由于绝缘损坏，设备漏电，使设备的金属外壳带电。接触电压是指人触及漏电设备的外壳，加于人手与脚之间的电位差（脚距漏电设备 0.8m，手触及设备处距地面垂直距离 1.8m），由接触电压引起的电击叫接触电压电击。若设备的外壳不接地，在此接触电压下的电击情况与单相电击情况相同；若设备外壳接地，则接触电压为设备外壳对地电位与人站立点对地电位之差。接触电压电击如图 2-6 所示。当人需要接近漏电设备时，为防止接触电压电击，应戴绝缘手套、穿绝缘鞋。

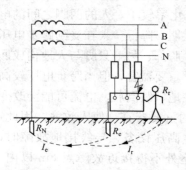

图 2-6　接触电压电击

【案例2-5】 1982年1月7日，湖北省某县电力局某开关站变电运行工许××在清扫高压室的工作中，在用抹布擦11号开关柜111隔离开关绝缘子时没有注意与10kV母线的安全距离，手中抹布引起母线弧光短路，许××的右手被严重烧伤，手臂静脉管被烧坏，右脚对地放电，从1.7m高的遮拦上摔下，头部受重伤。

3. 人体与带电体的距离小于安全距离的电击

前述几类电击事故，都是人体与带电体直接接触或间接接触时发生的。实际上，当人体与带电体（特别是高压带电体）的空气间隙小于一定的距离时，虽然人体没有接触带电体，也可能发生电击事故。这是因为当人体与带电体的距离足够近时，人体与带电体间的电场强度将大于空气的击穿场强，空气将被击穿，带电体对人体放电，并在人体与带电体间产生电弧，此时人体将受到电弧灼伤及电击的双重伤害。这种与带电体的距离小于安全距离的弧光放电电击事故多发生在高压系统中。此类事故的发生，大多是工作人员误入带电间隔，误接近高压带电设备所造成的。因此，为防止这类事故的发生，国家有关标准规定了不同电压等级的最小安全距离，工作人员距带电体的距离不允许小于此距离值。

2.2.2　发生电击事故的原因

电力生产过程中，发生电击的原因很多，归纳起来，有以下几个方面：

（1）电气设备、生产厂房、工作场所及工作使用的工具等不符合安全要求。

（2）在电气设备停电检修或试验时，没有采取完善的组织措施。如对设备的停、送电的联系和指挥不明，各部门之间互相要求不明确，任务交代不具体等，致使有关部门弄错了停电时间和停电范围，造成设备尚未停电就开始检修和试验工作；或工作尚未结束就给设备送电；或工作人员扩大了检修，试验范围，误走到带电设备上工作等。此外，在安排工作时由于人员分配不恰当，让不符合电气安全要求的人员参加工作，或让技术水平较低的工人担任复杂的工作，或对应该有人监护的工作没派专人监护等，都可能造成电击事故。

（3）在电气设备停电检修或试验时，没有采取可靠的安全措施。如切断电源不彻底，未将有关变压器或电压互感器的低压回路完全断开，当在低压回路中操作时造成电压反馈，使高压侧产生高电压危及人身安全；又如在停电后没将停电设备的各侧三相短路接地，由于运行人员误操作或其他原因，误将高压电送到检修设备上，造成检修设备上工作人员的电击事故。

（4）在带电作业时，违反有关安全规定。如没有按要求采取完善可靠的技术措施和工作票制度、唱票监票、挂牌警示等组织措施，使用不合格的工具，分配未经培训合格的人员参加工作，没有严格执行监护制度等。

（5）在进行电气操作时，违反有关操作规程造成误操作。如带负荷拉、合隔离开关，或做安全措施时将接地线挂到带电设备上等等，在发生这类误操作时，操作人员除了触电外，还可能造成电弧灼伤。

（6）在处理设备或线路接地故障时，没有遵守安全规定，而导致接触电压电击和跨步电压电击等等。

综上所述，电力生产过程中造成电击事故的原因种种，但都是违反有关安全规程的结果。电击不仅危及人身安全，也影响发电厂、变电站及整个电力系统的安全运行。为此，应采取有效措施预防人身电击事故的发生。

🌐 **做中学，学中做**

（1）测量 380/220V 系统单相电压和线间电压，并用 2000Ω 连接，测量其通过电流。

（2）测量跨步电压。

（3）观察电弧击穿空气放电或观看视频。

2.3　防止人身电击的技术措施

防止人身电击，从根本上说，是要加强工作人员的安全思想教育，严格执行《电力安全工作规程》的有关规定，防患于未然。同时，对设备本身或工作环境采取一定的技术措施也是行之有效的办法。防止人身电击的技术措施包括：

（1）电气设备进行安全接地。

（2）在容易发生电击的场合使用安全电压。

（3）采用低压电击保护装置。

另外，采用相应的防护措施，如在检修工作过程中装设遮拦、围拦及悬挂标示牌，对运行设备采用网状遮拦、栅栏，保证工作中的安全距离也是防止人身电击的有效方法。

2.3.1　安全接地

安全接地是防止接触电压电击和跨步电压电击的根本方法。安全接地包括电气设备外壳（或构架）保护接地，保护接零或零线的重复接地。

1. 保护接地

保护接地是将一切正常时不带电而在绝缘损坏时可能带电的金属部分（如各种电气设备的金属外壳、配电装置的金属构架等）与独立的接地装置相连，从而防止工作人员触及时发生电击事故。它是防止接触电压电击的一种技术措施。

保护接地是利用接地装置足够小的接地电阻值，降低故障设备外壳可导电部分对地电压，减小人体触及时流过人体的电流，达到防止接触电压电击的目的。

（1）中性点不接地系统的保护接地。在中性点不接地系统中，用电设备一相绝缘损坏，外壳带电。如果设备外壳没有接地，则设备外壳上将长期存在着电压（接近于相电压），当人体触及电气设备外壳时，就有电流流过人体。但若采用保护接地，中性点不接地系统的保护接地如图 2-7 所示，保护接地电阻 R_b 与人体电阻 R_r 并联，由于 R_b 远远小于 R_r，使得接地后对地电压大大降低。同样，保护接地后，人体触及设备外壳时流过的电流也大大降低。由此可见，只要适当地选择 R_b 即可保证人身安全。

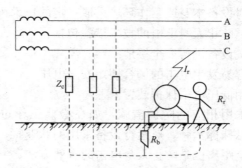

图 2-7 中性点不接地系统的保护接地

例如，220/380V 中性点不接地系统，对地阻抗 Z_c 取绝缘电阻 7000Ω，有设备发生单相碰壳，若没有保护接地，有人触及该设备外壳，人体电阻 R_r 为 1000Ω，则流过人体电流约为 66mA；但如果该设备有保护接地，接地电阻为 $R_b = 4Ω$，则流过人体电流约为 0.26mA，显然，该电流不会危及人身安全。同样，在 6~10kV 中性点不接地系统中，若采用保护接地，尽管其电压等级较高，也能减小设备发生碰壳时人体触及设备所流过人体的电流，减小电击的危险性，如果进一步采取相应的防范措施，增大人体回路的电阻，例如人脚穿胶鞋，也能将人体电流限制在 50mA 之内，保证人身安全。

（2）中性点直接接地系统的保护接地。中性点直接接地系统中，若不采用保护接地，当人体接触一相碰壳的电气设备时，人体相当于发生单相电击。

以 380/220V 低压系统为例，若人体电阻 $R_r = 1000Ω$，$R_0 = 4Ω$，则流过人体电流 220mA，作用人体电压 220V，足以使人致

命。若采用保护接地，中性点直接接地系统的保护接地如图 2-8
所示，电流将经人体电阻 R_r 和设备接地电阻 R_b 的并联支路、电
源中性点接地电阻、电源形成回路，设接地电阻 $R_b = 4\Omega$，流过
人体的电流及接触电压为 110mA 和 110V。110mA 的电流虽比
未装保护接地时的小，但对人身安全仍有致命的危险。所以，在
中性点直接接地的低压系统中，电气设备的外壳采用保护接地，
仅能减轻电击的危险程度，并不能保证人身安全；在高压系统
中，其作用就更小。

2. 保护接零及零线的重复接地

（1）保护接零。在中性点直接接地的低压供电网络，一般采
用的是三相四线制的供电方式。将电气设备的金属外壳与电源
（发电机或变压器）接地中性线做金属性连接，这种方式称为保
护接零，如图 2-9 所示。

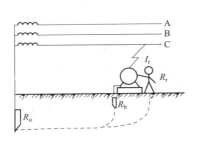
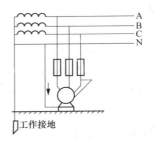

图 2-8 中性点直接接地系统的保护接地   图 2-9 保护接零

采用保护接零时，当电气设备某相绝缘损坏碰壳，接地短路
电流流经短路线和中性线构成回路。因中性线阻抗很小，接地短
路电流较大，足以使线路上（或电源处）的自动开关或熔断器以
很短的时限将设备从电网中切除，使故障设备停电。另外，人体
电阻远大于接零回路中的电阻，即使在故障未切除前，人体触到
故障设备外壳，接地短路电流几乎全部通过接零回路，也使流过
人体的电流接近于零，确保了人身的安全。

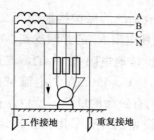

图 2-10 中性线的重复接地

（2）中性线的重复接地。在保护接零系统中，为了防止发生中性线断线而失去保护接零的作用，一般在中性线的一处或多处通过接地装置与大地连接，即中性线重复接地，如图 2-10 所示。

3. 安全接地的注意事项

电气设备的保护接地、保护接零都是为了保证人身安全，故统称为安全接地。为了使安全接地切实发挥作用，应注意以下问题：

（1）同一电力系统中，只能采用一种安全接地的保护方式，即不可一部分设备采用保护接地，一部分设备采用保护接零。否则，当保护接地的设备一相漏电碰壳时，接地电流经保护接地体、电流中性点接地体构成回路，使中性线带上危险电压，危及人身安全。另外，混用安全接地保护方式还可能导致保护装置失灵。

（2）应将接地电阻控制在允许范围之内。例如，3～10kV 高压电气设备单独使用的接地装置的接地电阻一般不超过 10Ω；低压电气设备及变压器的接地电阻不大于 4Ω。当变压器总容量不大于 100kVA 时，接地电阻不大于 10Ω。高压和低压电气设备共用同一接地装置时，接地电阻不大于 4Ω 等。

（3）中性线的主干线不允许装设开关或熔断器。

（4）各设备的保护接中性线不允许串接，应各自与中性线的干线直接相连。

2.3.2　安全电压

在人们容易触及带电体的工作场所，工作时的动力、照明电源采用安全电压是防止人体电击的重要措施之一。

安全电压与通常所说的低压是两个不同的概念。《电力安全工作规程》中规定，设备带电部分对地电压为 1000V 及以上者为高压，对地电压为 1000V 以下者为低压。规程中规定的"低压"不能理解为安全电压。安全电压是不会使人发生触电危险的电压，或者是人体触及时使通过人体的电流不大于致颤阈值的电压。通过人体的电流决定于加于人体的电压和人体电阻，安全电压就是根据人体允许通过的电流与人体电阻的乘积为依据确定的。国际电工委员会对工频 50～60Hz 的交流电，取人体中值电阻为 1700Ω，致颤阈值为 30mA，规定交流安全电压的限定值为 50V。我国的安全电压体系是交流 42V、36V、24V、12V、6V，直流安全电压上限是 72V。在干燥、温暖、无导电粉尘、地面绝缘的环境中，也有使用交流 65V 的。

采用安全电压可有效地防止电击事故的发生，但由于工作电压降低，要传输一定的功率，工作电流就必须增大，这就要求增加低压回路导线的截面积，使投资费用增加。一般安全电压只适用于小容量的设备，如行灯、机床局部照明灯及危险度较高的场所中使用的电动工具等。当前我国电力系统中使用的安全电压体系有：

（1）携带式作业灯，隧道照明，机床局部照明，离地面 2.5m 高度的照明，以及部分手持电动工具等，安全电压均采用 36V。

（2）在发电机静子膛内工作一般采用 24V。

（3）在地方狭窄、工作不便、潮湿阴暗、有导电尘埃、高温等工作场所，以及在金属容器内工作（汽包内），必须采用 12V。

（4）电焊设备的二次开路电压为 65V。

（5）电力电容器在切断电源后应通过放电装置放电，以保证运行和检修人员在停电的电容器上工作时的安全。停电 30s 后，其端电压不得超过 65V。

必须注意的是采用降压变压器（即行灯变压器）取得安全电压时，应采用双绕组变压器而不能采用自耦变压器，以使一、二次绕组之间只有电磁耦合而不直接发生电的联系。另外，安全电压的供电网络必须有一点接地（中性线或某一相线），以防电源电压偏移引起电击危险。最后还必须指出，安全电压并非是绝对安全的，如果人体在汗湿、皮肤破裂等情况下长时间触及电源，也可能发生电击伤害。

2.3.3 剩余电流动作保护装置

在电力装置中，安装剩余电流动作保护装置是防止电击事故发生的又一重要保护措施。在某些情况下，将电气设备的外壳进行保护接地或保护接零会受到限制或起不到保护作用。例如：个别远距离的单台设备或不便敷设中性线的场所，以及土壤电阻率太大的地方，都将使接地、接零保护难以实现。另外，当人与带电导体直接接触时，接地和接零也难以起到保护作用。所以，在电网或电力装置中加装剩余电流动作保护装置是行之有效的后备保护措施。

1. 漏电保护器的用途

正常运行的电气设备因带电部分与外壳之间有良好的绝缘，使设备的外壳不带电，为人员在接触设备外壳时提供保护。但在受潮、温度过高、外力损坏、电压过高等情况下，设备的带电部分与外壳之间的绝缘可能会出现绝缘强度下降或完全失效。如果绝缘出现问题，设备的外壳就会带电，将给可能触碰到设备外壳的人员带来极大的危害性，导致出现触电事故。同时，设备外壳带电可能通过旁边的金属构件产生漏电，引起火灾事故。

为防止触电伤亡事故，避免因漏电而引起的火灾事故，采用一种保护设备——漏电保护器，能够在设备的绝缘损坏时，使电源以最快的速度得以切断，保护人身的安全和防止火灾的发生。

国家为了规范漏电保护器的正确使用，颁布了《漏电保护器安全监察规定》（劳安字〔2010〕16 号）和《剩余电流动作保护装置安装和运行》（GB 13955）等一系列标准和规定。

2. 漏电保护器的工作原理

漏电保护器是一种检测漏电是否严重的保护器。当检测到漏电超过设定值时，脱扣器动作驱动执行元件跳开切断电源。漏电保护器的工作原理示意图见图 2-11。

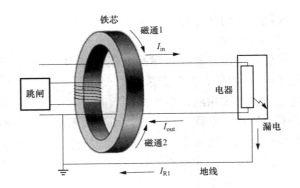

图 2-11　漏电保护器的工作原理示意图

正常运行时，电源流入电气设备的瞬时电流等于流出电气设备的瞬时电流，两者相加电流为零。如果两个电流一起通过铁芯，且两电流产生的磁通方向是相反的，则铁芯内的合成磁通为零，此种情况下，没有使脱扣器动作的力存在，漏电保护器的开关保持闭合状态，供电回路正常工作。

漏电流是指不流过绕在铁芯上的线圈，不参加合成磁通形成的，从旁边漏回电源的电流。

当有漏电流发生时，流入电气设备的瞬时电流不再等于流出电气设备的瞬时电流，两者相加电流不为零，铁芯内的合成磁通也就不为零，套在铁芯上的线圈内产生感应电动势驱动跳闸，断开电源。

三相四线制供电系统的漏电保护器工作原理也是如此，套在三相导线和中性线上的是零序电流互感器。在被保护电路工作正常，没有发生漏电或触电的情况下，由基尔霍夫定律可知，通过零序电流互感器一次侧的电流相量和等于零。二次侧不产生感应电动势，漏电保护器不动作，系统保持正常供电。当被保护电路发生漏电或有人触电时，由于漏电电流的存在，通过零序电流互感器一次侧电流的相量和不再等于零，产生了漏电电流，在铁芯中出现了交变磁通，在交变磁通作用下，二次侧线圈就有感应电动势产生，此漏电流当达到设定值时，使脱扣器线圈通电，驱动主开关自动跳闸，切断电源。

3. 漏电保护器的接线方式

（1）单相漏电保护器。单相漏电保护器用于 220V 低压供电（例如居民用电）的场合。对于采用"火、零、地"三线的 220V 低压供电回路，要求相线、中性线接入漏电保护器，标有电源侧和负荷侧不得接反，必须一一对应，而地线不能接入。在漏电保护器后面的整个电气回路中，中性线不能接地。因为该接地点会将中性线电流改变为接地电流，从而使正常时漏电保护器进出电流不平衡，不能正常工作。

（2）三相漏电保护器。我国的三相低压系统分为"三相四线制"和"三相五线制"。"三相四线制"又可分为 TT 系统和 TN-C 系统。TT 系统漏电保护原理示意图、T_{N-C} 系统漏电保护原理示意图见图 2-12、图 2-13。TT 系统的两个"T"分别表示配电网中性点直接接地和电气设备金属外壳通过 PE 线保护接地。这个系统中安装漏电保护器的要求是三相线和中性线都应穿在保护器内，检测的是三相电流和中性线电流的相量和。正常运行时，三相电流可能不对称平衡，中性线中流过不平衡电流回到电源中性点，但符合 $I_a + I_b + I_c - I_o = 0$，三相电流和中性线电流形成的合成磁场为零。电器设备的外壳连接于保护线 PE 线上，并与地连接。当电器设备的带电导体和外壳之间的绝缘被损坏时，带电体、外壳、保护线 PE 线构成漏电回路，漏电保护器中的电流相量和不再等于零，驱动漏电保护器开关动作跳闸。要注意的是：安装漏电保护器时不能把 PE 线穿入其中。

TN-C 系统把中性线和保护 PE 线合为一条线，称为 PEN 线，在电源侧接地和与电源中性点相连。PEN 线承担电流回流和外壳接地保护双重功能。这样的系统中安装漏电保护器的要求是三相线和 PEN 线都应穿在保护器内，检测的是三相电流和 PEN 线电流的相量和。正常运行时，三相电流可能不对称平衡，中性线中流过不平衡电流回到电源中性点，但符合 $I_a + I_b + I_c - I_{PEN} = 0$，三相电流和 PEN 线电流形成的合成磁场为零。PEN 线的接地点（可能存在的重复接地点）应该在漏电保护器之前，而漏电保护器后不能再有接地点，否则将无法正常工作。

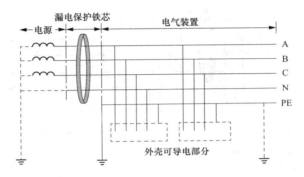

图 2-12　TT 系统漏电保护原理示意图

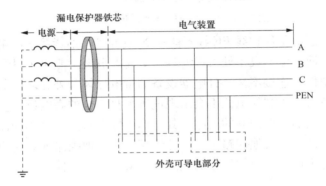

图 2-13　TN-C 系统漏电保护原理示意图

"三相五线制"称为 TN-S 系统，这个系统的中性线与保护线是分开的，TN-S 系统漏电保护原理示意图见图 2-14。供电系统在电源中性点直接接地，电气装置的外露可导电部分用保护（PE）线连至该电源的中性点。

TN-S 系统安装漏电保护器的要求是三相线和中性线都应穿在保护器内，正常运行时，三相电流可能不对称平衡，中性线中流过不平衡电流回到电源中性点，但符合 $I_a + I_b + I_c - I_O = 0$，三相电流和 N 线电流形成的合成磁场为零。

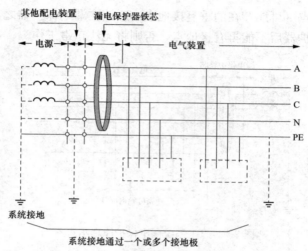

图 2-14　TN-S 系统漏电保护原理示意图

　　注意的是保护线 PE 线不能和 N 线混淆，不能接入漏电保护器内。而在电器设备处可以允许多处重复接地，防止在 PE 线与电源中性点连接不良，且电器设备的带电导体和外壳之间的绝缘被损坏时，钳制住电位不会出现危害人身安全的高电位。

　　采用漏电保护器的支路，其工作中性线只能作为本回路的中性线，禁止与其他回路工作中性线相连，其他线路或设备也不能借用已采用漏电保护器后的线路或设备的工作中性线。

 做中学，学中做

（1）中性点不接地系统保护接地实验。

（2）中性点直接接地保护接零实验。

（3）安全电压测试。

（4）漏电保护器的动作实验。

2.4　电气安全距离

　　当人体接近高压带电体，其距离小于一定值时，尽管人体未接触带电体，但由于人体与带电体间的空气间隙的场强达到空气间隙的击穿场强，导体对人体放电，也会使人体受到电击伤害。因此，限制工作人员与带电体的电气距离（人体与带电体保持安全距离），是防止触电伤害的主要方法之一。

【案例 2-6】 2005 年 5 月 9 日 10 时 24 分左右，在湖北省某 10kV 线路秋丰路东段更换导线的施工中，在收紧上层导线时，引起挂线端铁塔向受力方向偏移，导致该铁塔另一侧跨公路孤立档导线的弧垂变小，导线上升，与其上方垂直交叉跨越的 110kV 带电线路的下层导线产生弧光放电，变电站零序Ⅲ段保护动作跳闸，杆上作业人员王××的肩膀和臀部被电灼伤。

2.4.1 安全距离与电压种类

电气安全距离就是在各种工况条件下，带电导体与附近接地的物体、地面、不同相带电导体，以及与工作人员之间，必须保持的最小距离和最小空气间隙。这个间隙不仅应保证在各种可能的最大工作电压或过电压的作用下，不发生闪络放电，还应保证工作人员在对设备进行维持检查、操作或检修时的绝对安全，而且身体健康也不受影响。

电气安全距离主要是根据空气间隙的放电特性来确定的。在超高压电力系统中，还要考虑静电感应和高压电场对人体的影响。因为空气间隙在各种不同种类的电压作用时，具有不同的电气强度，所以，为了确保工作人员和电气设备的安全，合理地确定安全距离，必须研究不同种类的电压作用时空气间隙的放电特性。

与确定电气安全距离有关的电压种类，大体上可分为如下三种：

1. 大气过电压

大气过电压也叫雷电过电压，它是由雷击引起的。大气过电压分为直击雷过电压和感应雷过电压。直击雷过电压值可达几兆伏，感应雷过电压值一般为 200～300kV，最高可达 500kV。为了防止大气过电压对工作人员和设备造成危害，发电厂、变电站的配电装置及输电线路根据电压等级、负荷性质、系统运行方式等采取了相应的防雷保护措施，如装设防止直击雷的避雷针或避雷线，在配电装置上装设避雷器等等。当发生雷击时，防雷设施将大气过电压值限制到对人、对设备无害的程度。因此，在确定安全距离时，大气过电压可以用配电装置中所安装的避雷器残压相对应的冲击放电电压来确定。

发电厂、变电站的避雷线一般沿线路向外延伸至少 2km，这段线路由于有避雷线保护，一般不会遭受雷击；当 2km 以外的线路遭受雷击时，由于导线的电晕放电，雷电波传到发电厂、变电站的工作地点时，其幅值和陡度已显著降低，再加上配电装置上的避雷器动作，其幅值进一步受到限制。因此，在确定大气过电压的安全距离时，只考虑避雷器残压相对应的冲击放电电压。

2. 内部过电压

内部过电压的种类繁多，例如切断电容或电感负荷时的过电压；中性点不接地系统中间歇性电弧接地过电压；电网中的谐振或铁磁谐振过电压；在对称与不对称状态下，由电机自励磁所引起的过电压及非全相拉合闸引起的过电压等。

电力系统内部过电压与系统的结构、容量、参数、中性点接地方式、断路器的性能、母线上出线的回数以及系统接线形式、操作方式有关。由于内部过电压的能量来源于电网本身，故过电压的幅值与电网的运行电压有一定的倍数关系。内部过电压的大小一般用系统最高运行相电压幅值的倍数来表示。对不同电压等级的电网，有不同的过电压倍数，电压等级与内部过电压倍数见表 2-6。

表 2-6　　　　　电压等级与内部过电压倍数

电压等级	接地方式	过电压倍数
35～60kV 及以下	非直接接地系统	4
110～154kV	非直接接地系统	3.5
110～220kV	直接接地系统	3
330kV	直接接地系统	2.75
500kV	直接接地系统	2.3

注　35～220kV 系统相间内部过电压取对地内部过电压的 1.3～1.4 倍；
330kV 系统相间内部过电压取对地内部过电压的 1.4～1.45 倍。

另外，系统突然甩负荷或对称短路故障切除后出现的暂态电压升高及空载长线由于电容效应引起的末端电压增高，通常危险性不大，但它作为操作过电压的基值，当它与操作过电压同时出现时，过电压便能达到很高的幅值。

3. 长期的最大工作电压

长期的最大工作电压即电力系统中允许的最高运行电压，一般不超过额定值 1.1～1.15 倍。与上述两种过电压值相比，其危险性显然不大，故在确定安全距离时，一般不予考虑。

2.4.2 工作人员工作时与带电部分的安全距离

（1）运行人员应遵守的安全距离。电气运行人员在进行巡视检查时，其活动范围仅限于巡视；并在遮拦以外进行，当需要移开遮拦时，除有监护人监护外，运行人员应遵守的安全距离如表 2-7 所示。

表 2-7　　　　　运行人员应遵守的安全距离

电压等级（kV）	安全距离（m）	电压等级（kV）	安全距离（m）
10 及以下	0.7	750	7.2
20、35	1	1000	8.7
63、110	1.5	±50 及以下	1.5
220	3	±500	6
330	4	±660	8.4
500	5	±800	9.3

（2）检修人员应遵守的安全距离。当高压设备部分停电检修时，检修人员与不停电设备的带电部分应保持足够的安全距离。考虑到检修人员在工作过程中的活动范围较大，且受工作场所的限制，为了保证检修人员的安全，《电力安全工作规程》规定了工作人员工作中正常活动范围与带电设备的安全距离，检修人员应遵守的安全距离见表 2-8。

表 2-8 检修人员应遵守的安全距离

电压等级（kV）	安全距离（m）	电压等级（kV）	安全距离（m）
10 及以下	0.35	750	8
20、35	0.6	1000	9.5
63、110	1.5	±50 及以下	1.5
220	3	±500	6.8
330	4	±660	9
500	5	±800	10.1

当检修人员与不停电设备的带电部分的距离小于表 2-8 时，应装设临时遮拦，临时遮拦与带电部分的距离不应小于表 2-8 规定的数值。当检修人员活动范围与带电部分之间的距离不能满足表 2-8 的要求时，则该带电设备应停电。

2.5 紧急救护常识

紧急救护是在各种防范措施失效发生事故时的一种防止事故扩大和减少事故损失的重要措施。

2.5.1 紧急救护的基本原则

紧急救护的基本原则是在现场采取积极措施保护伤员生命，减轻伤情，减少痛苦。紧急救护要争分夺秒，就地抢救，动作迅速，果断，方法正确有效。

要认真观察伤员全身情况，发现呼吸、心跳停止时，应立即在现场用心肺复苏法就地抢救，以支持呼吸和循环。

在现场紧急救护的同时，应立即与救护中心或附近医院取得联系，请医务人员给予进一步救治的指导与帮助，在医务人员未到达前，不得放弃现场抢救，不能仅仅根据伤员没有呼吸与脉搏就擅自判定伤员死亡，放弃抢救，更不能放弃现场急救而直接送往医院，触电或其他伤害伤员的死亡诊断只能由医生作出。

紧急救护的一般规定：

现场工作人员都应该定期接受培训，学会紧急救护法，会正确解脱电源，会心肺复苏法，会止血、会包扎、会固定，会转移搬运伤员，会处理急救外伤或中毒等。

生产现场和经常有人工作的场所应该配备急救箱，存放急救药品，并指定专人经常检查、补充、更换。

2.5.2 几种常用的紧急救护法

电击急救，首先要使电击者迅速脱离电源，越快越好。因为电流作用时间越长，伤害越严重。

脱离电源就是要把电击者接触的那一部分带电设备的断路器、隔离开关或其他断路设备断开；或设法将电击者与带电设备脱离。在脱离电源过程中，救护人员既要救人，又要注意保护自己。电击者未脱离电源前，救护人员不准直接用手触及电击者，以免自身发生电击危险。

1. 脱离低压电源

（1）电击者触及低压设备，救护人员应设法迅速切断电源，如就近拉开电源开关或刀闸，拔除电源插头等。

（2）如果电源开关、瓷插保险或电源插座距离较远，可用有绝缘手柄的电工钳或干燥木柄的斧头、铁锹等利器切断电源。切断点应选择导线在电源侧有支持物处，防止带电导线断落触及其他人体。剪断电线要分相，一根一根地剪断，并尽可能站在绝缘物体或木板上。

（3）如果导线搭落在电击者身上或压在身下，可用干燥的木棒、竹竿等绝缘物品把触电者拉脱电源。如果电击者衣服是干燥的，又没有紧缠在身上，不至于使救护人员直接触及电击者的身体时，救护人员可直接用一只手抓住电击者不贴身的衣服，将电击者拉脱电源，也可站在干燥的木板、木桌椅或橡胶垫等绝缘物品上，用一只手把电击者拉脱电源。

（4）如果电流通过电击者入地，并且电击者紧握导线，可设法用干燥的木板塞进其身下使其与地绝缘而切断电流，然后采取其他方法切断电源。

2. 脱离高压电源

抢救高压电击者脱离电源与低压电击者脱离电源的方法大为不同，因为电压等级高，一般绝缘物对抢救者不能保证安全；电源开关距离远，不易切断电源；电源保护装置比低压灵敏度高等。为使高压电击者脱离电源，用如下方法：

（1）尽快与有关部门联系停电。

（2）戴上绝缘手套，穿上绝缘鞋，拉开高压断路器或用相应电压等级的绝缘工具拉开高压跌落保险，切断电源。

（3）如电击者触及高压带电线路（线路导线为裸导线），又不可能迅速切断电源开关时，可采用抛挂足够截面适当长度的裸金属短路线的方法，迫使电源开关跳闸。抛挂前，将短路线的一端固定在铁塔或接地引下线上，另一端系重物。但抛掷短路线时，应注意防止电弧伤人或断线危及人员安全。

（4）如果电击者触及断落在地上的带电高压导线，救护人员应穿绝缘鞋或临时双脚并紧跳跃接近触电者，否则不能接近断线点 8m 以内，以防跨步电压伤人。

3. 杆塔上触电急救

（1）发现杆塔上有人触电，应争取时间及早在杆塔上开始进行抢救，救护人员登高时应随身携带必要的工具和绝缘工具以及牢固的绳索等，并紧急呼救。

（2）救护人员应在确认触电者已脱离电源，且救护人员本身所涉环境安全距离内无危险电源时，方能接触伤员进行抢救，并应注意防止发生高空坠落的可能性。

（3）触电伤员脱离电源后，应将伤员用适当的方式躺平，并注意保护伤员气道通畅。

（4）如伤员呼吸停止，应立即口对口（鼻）吹 2 次，再测试颈动脉，如有搏动，则每 5s 吹气一次，如颈动脉无搏动时，可用空心拳心叩击心前区 2 次，促使心脏复跳。

（5）为使抢救更为有效，应及早设法将伤员营救至地面抢救，杆塔或高处触电者放下方法见图2-15。

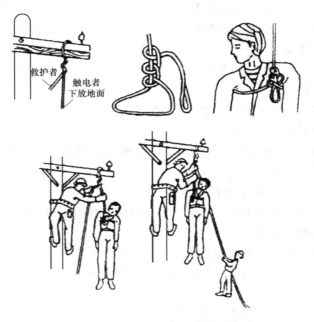

救护者
触电者
下放地面

图2-15 杆塔或高处触电者放下方法

1）单人营救法首先在杆上安装绳索，将绳子的一端固定在杆上，固定时绳子要绕2～3圈，绳子的另一端在伤员的腋下，绑的方法是先用柔软的物品垫在腋下，然后用绳子环绕一圈，打三个靠结，绳头塞进伤员腋旁的圈内，并压紧，绳子的长度应为杆的1.2～1.5倍，最后将伤员的脚扣和安全带等松开，再解开固定在杆塔上的绳子，缓缓将伤员放下。

2）双人营救法该方法基本与单人营救方法相同，只是绳子的另一端由杆下人员握住缓缓下放，此时绳子要长一些，应为杆高的2.2～2.5倍，营救人员要协调一致，防止杆上人员突然松手而杆下人员没有准备而发生意外。

3）在将伤员由高处送至地面前，应再口对口（鼻）吹气4次。

4）触电伤员送至地面后，应立即继续按心肺复苏法坚持抢救。

电击急救注意事项：

1）救护人员不得采用金属和其他潮湿的物品作为救护工具。

2）未采取任何绝缘措施，救护人员不得直接触及电击者的皮肤和潮湿衣服。

3）在使电击者脱离电源的过程中，救护人最好用一只手操作，以防触电。

4）当电击者站立或位于高处时，应采取措施防止脱离电源后电击者摔跌或坠落。

5）夜晚发生电击事故时，应考虑切断电源后的临时照明问题，以便急救。

4. 电击者伤情的判定

电击者脱离电源后，应迅速正确判定其电击程度，有针对性地实施现场紧急救护。

（1）电击者如神态清醒，只是心慌，四肢发麻，全身无力，但没失去知觉，则应使其就地平躺，严密观察，暂时不要站立或走动。

（2）电击者神志不清、失去知觉，但呼吸和心跳尚正常，应使其舒适平卧，保持空气流通，同时立即请医生或送医院诊治。随时观察，若发现电击者出现呼吸困难或心跳失常，则应迅速用心肺复苏法进行人工呼吸或胸外心脏按压。

（3）如果电击者失去知觉，心跳呼吸停止，仍应视为是假死症状。电击者若无致命外伤，没有得到专业医务人员证实，不能判定电击者死亡，应立即对其进行心肺复苏。

对电击者应在 10s 内用看、听、试的方法，判定其呼吸、心跳情况。看、听、试判定呼吸心跳方法见图 2-16。

1）看：看伤员的胸部、腹部有无起伏动作。

2）听：用耳贴近伤员的口鼻处，听有无呼吸的声音。

3）试：试测口鼻有无呼气的气流。再用两手指轻试一侧（左或右）喉结旁凹陷处的颈动脉，有无搏动。

图 2-16 看、听、试判定呼吸心跳方法

若看、听、试的结果，既无呼吸又无动脉搏动，可判定呼吸心跳停止。

一旦初步确定伤员意识丧失，应大声呼救，立即招呼周围的人前来协助抢救，因为一个人做心肺复苏不可能坚持较长时间，而且劳累后动作容易变形走样，叫人来除了协助做心肺复苏外，还可以打电话给救护中心或呼叫受过救护训练的人来帮忙。

5. 心肺复苏法

电击伤员呼吸和心跳均停止时，应立即按心肺复苏支持生命的三项基本措施即 CAB：胸外按压（Compressions）—开放气道（Airway）—人工呼吸（Breathing），正确地进行就地抢救。

（1）胸外按压。如判断心跳已经停止，要立即进行胸外按压。胸外按压是现场急救中使电击者恢复心跳的唯一手段。

首先，要确定正确的按压位置。正确的按压位置是保证胸外按压效果的重要前提，胸外按压位置见图 2-17。确定正确按压位置的步骤：

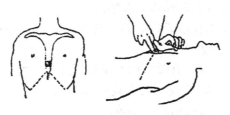

图 2-17 胸外按压位置

1）右手的食指和中指沿电击者的右侧肋弓下缘向上，找到肋骨和胸骨接合点的中点。

2）两手指并齐，中指放在切迹中点（剑突底部），食指手放在胸骨下部。

3）另一手的掌根紧挨食指上缘，置于胸骨上，即为正确按压位置。

急救时争分夺秒，现在有一个更为简便的确定位置办法，即掌根部位于电击者胸骨中线与两乳头连线交点或胸骨下半部。

另外，正确的按压姿势是达到胸外按压效果的基本保证，胸外按压姿势见图 2-18。正确的按压姿势为：

图 2-18　胸外按压姿势

1）使电击者仰面躺在平硬的地方，救护人员立或跪在伤员一侧肩旁，救护人员的两肩位于伤员胸骨正上方，两臂伸直，肘关节固定不屈，两手掌根相叠，手指翘起，不接触电击者胸壁。

2）以髋关节为支点，利用上身的重力，垂直将正常成人胸骨压陷 5～6cm（儿童和瘦弱者酌减）。

3）压至要求程度后，立即全部放松，但放松时救护人员的掌根不得离开胸壁。

按压必须有效，有效的标志是按压过程中可以触及颈动脉搏动。操作频率：胸外按压要以均匀速度进行，每分钟 100～120 次，每次按压和放松的时间相等。

电除颤是救治心室纤维性颤动最为有效的方法。自动体外除颤器（AED）能够自动识别可除颤心律，如果施救现场有 AED，施救者应从胸外按压开始急救，并尽快使用 AED。

（2）畅通气道。电击者呼吸停止，重要的是始终确保气道畅通。如发现伤员口内有异物，可将其身体及头部同时侧转，迅速用一个手指或用两手指交叉从口角处插入，取出异物。操作中要防止将异物推到咽喉深部。

通畅气道可以采用仰头抬颏法，见图 2-19。用一只手放在电击者前额，另一只手的手指将其下颌骨向上抬起，两手协同将头部推向后仰，舌根随之抬起，舌根抬起畅通气道见图 2-20。严禁用枕头或其他物品垫在电击者头下，头部抬高前倾，会更加重气道阻塞，且使胸外按压时流向脑部的血流减少，甚至消失。

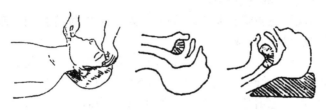

图 2-19　仰头抬颏法　　图 2-20　舌根抬起畅通气道

（3）口对口（鼻）人工呼吸。在保持电击者气道通畅的同时，救护人员在电击者头部的右边或左边，用一只手捏住电击者的鼻翼，深吸气，与伤员口对口紧合，在不漏气的情况下，进行吹气，口对口人工呼吸见图 2-21。

图 2-21　口对口人工呼吸

正常口对口（鼻）人工呼吸的吹气量不需过大，但要使电击人的胸部膨胀，每 5s 吹一次（吹 2s，放松 3s）。对电击的小孩，只能小口吹气。

救护人换气时，放松电击者的嘴和鼻，使其自动呼气，吹气时如有较大阻力，可能是头部后仰不够，应及时纠正。

电击者如牙关紧闭，可口对鼻人工呼吸。口对鼻人工呼吸时，要将伤员嘴唇紧闭，防止漏气。

胸外按压与口对口（鼻）人工呼吸同时进行，其节奏为：单人抢救时，每按压 30 次后吹气 2 次，反复进行；双人抢救时，每按压 30 次后由另一个吹气 2 次，反复进行。

按压吹气 1min 后，应用看、听、试的方法在 5～7s 时间内完成对伤员呼吸和心跳是否恢复的再判定。若判定颈动脉已有搏动但无呼吸，则暂停胸外按压，而再进行 2 次口对口人工呼吸，接着每 5s 吹气一次。如脉搏和呼吸均未恢复，则继续坚持心肺复苏法抢救。

现场急救的注意事项：

1）现场急救贵在坚持，在医务人员来接替抢救前，现场人员不得放弃现场急救。

2）心肺复苏应在现场就地进行，不要为方便而随意移动伤员，如确需移动时，抢救中断时间不应超过 30s。

3）现场电击急救，对肾上腺素等药物需有处方权的医务人员方可采用，工作人员不得乱用。

4）对电击过程中的外伤特别是致命外伤（如动脉出血等）也要采取有效的方法处理。

6. 溺水急救

（1）发现有人溺水应设法迅速将其从水中救出，呼吸心跳停止者用心肺复苏法坚持抢救，受过水中抢救训练者可在水中抢救。

（2）口对口人工呼吸因异物阻塞发生困难，且又无法用手指除去时，可用两手相叠，置于脐部稍上正中线上（远离剑突）迅速向上猛压数次，使异物退出，但也不可用力太大。

（3）溺水死亡的主要原因是窒息缺氧。由于淡水在人体内能很快经循环吸收，而气管能容纳的水量很少，因此在抢救溺水者时不应因"倒水"而延误抢救时间，更不应仅"倒水"而不用心肺复苏法进行抢救。

7. 高温中暑急救处理

发现有高温中暑者，应立即将中暑者从高温或日晒环境中转移到阴凉通风处休息，用冷水擦浴、湿毛巾覆盖身体、电扇吹风或在头部放置冰袋等方法降温，并及时给中暑者口服盐水，严重者送医院治疗。

8. 有害气体中毒急救

（1）怀疑可能存在有害气体时，应立即将人员撤离现场，转移到通风良好处休息，抢救人员应在做好自身防护（现场毒物浓度很高应戴防毒面具）后，才能执行施救任务，将中毒者转移到空气新鲜处。

（2）对已昏迷中毒者应保持气道通畅，解开领扣，裤带等束缚，注意保温或防暑，有条件时给予氧气吸入。呼吸心跳停止者，应立即进行心肺复苏，并同时联系医院救治。

（3）迅速查明有害气体的名称，供医院及早对症治疗。

（4）护送中毒者要取平卧位，头稍低并偏向一侧，避免呕吐物进入气管。

9. 简易急救箱的物品配置简易急救箱配置的物品

（1）吸收性明胶海绵：10块。

（2）消毒敷料：30块。

（3）弹性护创膏：2包。

（4）医用橡皮膏：1卷。

（5）平纹弹力绷带：2卷。

（6）医用纱布绷带：1卷。

（7）圆筒弹力绷带：4卷。

（8）承插式夹板：4卷。

（9）颈托：1只。

（10）三角巾：4块。

（11）医用棉签：3包。

（12）碘伏：1 瓶。

（13）钝头镊子：1 把。

（14）剪刀：1 把。

（15）手电筒：1 只。

（16）安全别针：12 只。

（17）止血带：1 根。

（18）"S"形口咽吹气管：2 根。

（19）呼吸面罩：5 个。

做中学，学中做

（1）观看触电急救视频。

（2）用模拟人进行触电急救。

第 3 章

电 气 安 全 用 具

在电力生产过程中，为了保障工作人员的人身安全，必须使用相应的安全用具。这些用具不仅能协助工作人员完成工作任务，而且对保护人身安全起重要作用，如防止人身电击，电弧灼伤，高空摔跌等。要充分发挥电气安全用具的保护作用，电气工作人员必须熟悉各种安全用具的性能、用途，掌握其使用和保管方法。

电气安全用具就其基本作用可分为绝缘安全用具和一般防护安全用具两大类。本单元着重介绍这两大类安全用具的性能、作用、维护及使用方法。

职业岗位群应知应会目标：

（1）熟悉安全用具的分类；

（2）掌握绝缘棒的作用及使用和保管绝缘棒的注意事项；

（3）掌握验电器使用以及保管的注意事项；

（4）了解绝缘夹钳的使用和保管注意事项；

（5）了解钳形电流表和绝缘绳的作用；

（6）掌握绝缘手套、绝缘靴、绝缘垫、绝缘台的作用和使用时的注意事项；

（7）掌握接地线的安全作用和使用时的注意事项；

（8）了解遮拦、标示牌的作用；

（9）了解近电报警器的使用。

3.1 绝 缘 安 全 用 具

【**案例 3-1**】 1975 年 3 月 13 日，湖北省某线路工区外线工姚××（男，26 岁）在某 10kV 配电变压器台架上工作时，用手摘取已拉开的 10kV 跌落式熔断器熔管，不慎将熔管的一端触及跌落式熔断器鸭嘴，虽然他当天穿的是一双新绝缘鞋，但仍在右手和右脚上留下多处黄豆大小的 3 度电灼伤痕迹。

3.1.1 基本安全用具

基本安全用具是指绝缘强度能长期承受设备的工作电压，并且在该电压等级产生内部过电压时能保证工作人员安全的工具。例如，绝缘棒、绝缘夹钳、验电器等。

电气作业中常用的基本安全用具有下列几种：

1. 绝缘棒

绝缘棒又称绝缘杆、操作杆。它主要用于接通或断开隔离开关、拉合跌落熔断器、装拆携带型接地线以及带电测量和试验等工作。

绝缘棒一般用电木、胶木、环氧玻璃棒或环氧玻璃管制成。在结构上绝缘棒分为工作、绝缘和握手三部分。

工作部分一般用金属制成，也可用玻璃钢等机械强度较高的绝缘材料制成。按其工作的需要，工作部分一般长达 5～8cm，不宜过长，以免操作时造成相间或接地短路。

绝缘棒的绝缘部分用硬塑料、胶木或玻璃钢制成，有的用浸过绝缘漆的木料制成。其长度可按电压等级及使用场合而定，例如 110kV 及以上的电气设备使用的绝缘棒，绝缘部分长达 2～3m，为便于携带和使用方便，将其制成多段，各段之间用金属螺钉连接，使用时可拉长、缩短。绝缘棒表面应光滑，无裂纹或硬伤。绝缘棒握手部分材料与绝缘部分相同。握手部分与绝缘部分之间有由护环构成的明显的分界线。绝缘棒试验要求见表 3-1。

表 3-1　　　　　　　　　　绝缘棒试验要求

项目	周期	要求			
工频耐压试验	1 年	额定电压（kV）	试验长度（m）	工频耐压（kV）	
				1min	5min
		10	0.7	45	—
		35	0.9	95	—

项目	周期	要求			
工频耐压试验	1年	63	1.0	175	—
		110	1.3	220	—
		220	2.1	440	—
		330	3.2	—	380
		500	4.1	—	580

使用时的注意事项：

（1）使用前，必须核对绝缘棒的电压等级与所操作的电气设备的电压等级相同。

（2）使用绝缘棒时，工作人员应戴绝缘手套和穿绝缘靴，以加强绝缘棒的保护作用。

（3）在下雨、下雪或潮湿天气，无伞形罩的绝缘棒不宜使用。

（4）使用绝缘棒时要注意防止碰撞，以免损坏表面的绝缘层。

保管时注意事项：

（1）绝缘棒应保持存放在干燥的地方，以防止受潮。

（2）绝缘棒应放在特制的架子上或垂直悬挂在专用挂架上，以防其弯曲。

（3）绝缘棒不得直接与墙或地面接触，以免碰伤其绝缘表面。

（4）绝缘棒应定期进行绝缘试验，一般每年试验一次，用作测量的绝缘棒每半年试验一次。另外绝缘棒一般每3个月检查一次，检查有无裂纹、机械损伤、绝缘层破坏等。

2. 绝缘夹钳

绝缘夹钳是用来装拆高压熔断器或执行其他类似工作的工具，主要用于35kV及以下的电力系统。

绝缘夹钳也由三部分组成，即工作钳口、绝缘部分（钳身）和握手部分（钳把）。各部分都用绝缘材料制成，所用材料与绝缘棒相同，只是它的工作部分是一个坚固的夹钳，并有一个或两个管型的开口，用以夹紧熔断器。

绝缘夹钳使用及保存注意事项：

（1）绝缘夹钳不允许装接地线。

（2）在潮湿天气只能使用专用的防雨绝缘夹钳。

（3）工作人员使用时，应戴护目眼镜、绝缘手套，穿绝缘鞋/靴或站在绝缘台/垫上。

（4）绝缘夹钳应保存在特制的箱子内，以防受潮。

（5）绝缘夹钳应定期进行耐压试验。试验方法同绝缘棒，试验周期为一年，超过试验有效期或试验不合格严禁使用。

3. 携带型电压指示器

携带型电压指示器，一般称为验电器。是一种用以指示设备或线路是否带有电压的轻便仪器。验电器分为高压验电器和低压验电器两类。

（1）低压验电器。低压验电器称为试电笔。为便于携带，将其制成类似钢笔的形状，也有些低压验电器做成螺丝刀式样。如图 3-1 所示的验电器，笔尖用铜或钢做成，笔管里有一个圆形的碳素高电阻（安全电阻）和一个氖灯。验电器的笔钩，一方面便于挂在衣袋里，另一方面用于使电流通向人体入地。笔中有一个弹簧，用来使笔尖、电阻、氖灯、笔钩和它本身保持良好接触。笔身是用绝缘材料制成的。试电笔只能用于 380/220V 系统。

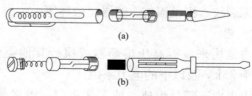

图 3-1　验电器

（a）笔式验电器；（b）螺丝刀式验电器

验电器使用前须在有电设备上验证是否良好。使用时，手拿验电器以一个手指触及金属盖或中心螺钉，金属笔尖与被检查的带电部分接触，如氖灯发亮说明设备带电，灯越亮则电压越高，越暗电压越低。

（2）高压验电器。高压验电器根据使用的电压，一般制成10kV或35kV两种。高压验电器在结构上分为指示器和支持器两部分。指示器是用绝缘材料制成的一根空心管子，管子上端装有金属制成的工作触头，里面装有氖灯和电容器。支持器由绝缘部分和握手部分组成，绝缘和握手部分用胶木或硬橡胶制成。高压验电器的工作触头接近或接触带电设备时，则有电容电流通过氖灯，氖灯发光，即表明设备带电。

（3）回转式高压验电器。回转式高压验电器是利用带电导体尖端电晕放电产生的电晕风来驱动指示叶片旋转，从而检查设备或导体是否带电，也称风车式验电器。

回转式高压验电器主要由回转指示器和长度可以自由伸缩的绝缘棒组成。使用时，将回转指示器触及线路或电气设备，若设备带电，指示叶片旋转；反之则不旋转。电压等级不同，回转式高压验电器配用的绝缘棒的节数及长度不同，使用时应选择合适的绝缘棒以保证测试人员的安全。

这种验电器具有灵敏度高，选择性强，信号指示明确，操作方便等优点。不论在线路、杆塔上还是在变电站内部都能够正确、明显地指示电力设备有无电压。它适用于6kV及以上的交流系统。

（4）声光验电器。声光验电器是现阶段电力企业最为常用的一种验电器，它用于检测0.1～500kV线路或设备是否带有运行工频电压，以确保停电检修工作人员的人身安全。声光验电器在验电时即发出声和光双重报警信号，以提示工作人员被检线路或设备带电。

声光验电器具有很高的抗干扰性能，防短接能力，防电火花性能和辨别直流高压性能（对直流无反应，只是接触时短促响一声）。它有自检测按钮，具有自检测功能。

电容型验电器试验要求见表 3-2。

表 3-2 电容型验电器试验要求

项目	周期	要求			
启动电压试验	1年	启动电压值不高于额定电压的 40%，不低于额定电压的 15%（试验时接触电极应与试验电极相接触）			
工频耐压试验	1年	额定电压（kV）	试验长度（m）	工频耐压（kV）	
				1min	5min
		10	0.7	45	—
		35	0.9	95	—
		63	1.0	175	—
		110	1.3	220	—
		220	2.1	440	—
		330	3.2	—	380
		500	4.1	—	580

验电器的使用方法和注意事项：

（1）为保证人身和设备的安全，确保验电器的完好性，验电器应在空气流通、环境干燥的专用地点存放。

（2）使用前，应根据被验电气设备的额定电压，选用合适型号的验电器，以免危及操作者人身安全或产生误判。

（3）操作人员必须手握操作手柄并将操作杆全部拉出定位后方可按有关规定顺序进行验电操作。（注意操作中是将验电器渐渐移向设备，在移近过程中若有发光或发声指示，则立即停止验电。）

（4）在非全部停电场合进行验电操作，应先将验电器在有电部位上测试，再到施工部位进行测试，然后回复到有电部位上复测，以确保安全。不得以验电器的自检按钮试验替代本项操作，自检按钮试验仅供参考。

（5）在全部停电场合进行验电操作时，应在验电操作前使用相应电压等级的"验电信号发生器"对该验电器进行完好性的验证后，方可进行验电操作。

（6）若发现验电器欠压指示灯点亮时，则需立即更换新电池后再继续试验。

（7）验电时应戴绝缘手套，手不超过握手的隔离护环。

（8）为保证使用安全，验电器应按规定进行预防性电气试验，验电时人体与验电设备保持距离见表 3-3。

表 3-3　　　　　验电时人体与验电设备保持距离

电压等级（kV）	10 及以下	35	110	220	330	500
安全距离（m）	0.7	1.0	1.5	3.0	4.0	5.0

职业相关知识

在线路工作前，对同杆塔架设的多层电力线路进行验电时，先验低压、后验高压，先验下层、后验上层，先验近侧、后验远侧。

4. 携带型电流指示器（钳型电流表）

钳型电流表是一个可以开合的钳型铁芯做成的变流器，装在绝缘手柄上。变流器上装有电流表，用以指示被测量的导线中的电流大小，磁铁芯包有绝缘材料，以免测量时碰触带电设备的两相，造成短路故障。

钳型电流表应每年进行一次绝缘试验，试验按高压试验规程进行。

5. 绝缘绳

绝缘绳一般由蚕丝制成，广泛应用于带电作业中。蚕丝纤维细且平滑，有白色光泽。其主要成分为蛋白质，可耐较稀的碱液，对酸的抵抗力较强，质地柔软。其耐电、耐热性、耐电弧性较一般塑料好，绝缘水平较高，1m 丝绳的击穿电压可达 400kV 左右。其抗拉强度较高，因此在电力工程中广泛应用，如在带电作业中制成吊绳、滑车绳、软梯等绝缘绳索。

3.1.2　辅助安全用具

辅助安全用具是用来进一步加强基本安全用具保护作用的工

具。例如：绝缘手套、绝缘靴、绝缘垫等。辅助安全用具的绝缘强度较低，不能承受高电压带电设备或线路的工作电压。只能加强基本安全用具的保护作用。辅助安全用具配合基本安全用具使用时，能起到防止工作人员遭受接触电压、跨步电压、电弧等的伤害。但是，在低压带电设备上，辅助安全工具也可作为基本安全用具使用。

辅助安全用具有：绝缘手套、绝缘靴、绝缘鞋、绝缘垫、绝缘站台、绝缘毯等。

【案例3-2】　1979年8月17日，广东省某县供电公司用电监察员余××在进行10kV线路倒闸操作时，不仅未戴绝缘手套，而且还光着脚在水田中带负荷拉开隔离开关，产生弧光短路并对电杆放电，导致触电死亡。

1. 绝缘手套和绝缘靴

在操作高压隔离开关、高压熔断器或装卸携带型接地线时，除了使用绝缘棒或绝缘夹钳外，还需要使用绝缘手套和绝缘靴。

绝缘手套和绝缘靴由特种橡胶制成。在低压带电设备上工作时，绝缘手套可作为辅助安全用具使用。在任何电压等级的电气设备上工作时，绝缘靴作为与地保持绝缘的辅助安全用具。当系统发生接地故障出现接触电压和跨步电压时，绝缘手套又对接触电压起一定的防护作用。而绝缘靴在任何电压等级下可作为防护跨步电压的基本安全用具。

绝缘手套应有足够的长度，以超过手腕10cm为准。绝缘手套和绝缘靴不得作其他用途；同时，普通的或医疗、化学用的手套和胶靴不能代替绝缘手套和绝缘靴使用。绝缘靴试验要求见表3-4。绝缘手套试验要求见表3-5。

表3-4　　　　　　　　　绝缘靴试验要求

项目	周期	要求			
工频耐压试验	半年	电压等级	工频耐压（kV）	持续时间（min）	泄漏电流（mA）
		高压	15	1	≤7.5

表 3-5   绝缘手套试验要求

项目	周期	要求			
工频耐压试验	半年	电压等级	工频耐压（kV）	持续时间（min）	泄漏电流（mA）
		高压	8	1	≤9
		低压	2.5	1	≤2.5

（1）使用绝缘手套和绝缘靴时应注意事项：

1）使用前应进行外部检查无损伤，并检查是否有砂眼漏气，有砂眼漏气的不能使用。

2）使用绝缘手套时，最好先戴上一双棉纱手套，夏天可防止出汗动作不方便；冬季可以保暖；操作时出现弧光短路接地，可防止橡胶熔化灼伤手。

3）绝缘手套和绝缘靴应每半年进行一次试验。试验标准按高压试验规程进行。试验合格的应有明显标志并注明试验日期。

（2）绝缘手套和绝缘靴的保存应注意下列事项：

1）使用后应擦净、晾干，绝缘手套还应洒上一些滑石粉，以免粘连。

2）绝缘手套和绝缘靴应存放在通风、阴凉的专用柜子里。温度一般在 5～20℃，湿度在 50％～70％最合适。

3）不合格的绝缘手套和绝缘靴不应与合格的混放在一起，以免错拿。

2．绝缘垫和绝缘毯

绝缘垫和绝缘毯由特种橡胶制成，表面有防滑槽纹。

绝缘垫一般用来铺在配电装置室内地面上，用以提高操作人员对地的绝缘，防止接触电压和跨步电压对人体的伤害。

绝缘地毯一般铺设在高、低开关柜前，作为固定的辅助安全用具。

绝缘垫应定期进行检查试验。试验标准按规程进行，试验周期每年一次。

3．绝缘站台

绝缘站台用干燥木板或木条及绝缘子制成。用木条制成的绝缘站台，木条间距不大于 2.5cm，以免靴跟陷入，也便于观察支持绝缘子是否有损坏。台面边缘不超出绝缘子以外，绝缘子高度不小于 10cm。

绝缘站台可用于室内外的一切电气设备。室外使用绝缘站台时，站台应放在坚硬的地面上，防止绝缘子陷入泥中或草中，降低绝缘性能。

> **做中学，学中做**
>
> （1）取一多段绝缘操作杆，安装上工作部分（如鹰嘴线夹），通过旋转而夹紧导线。
>
> （2）取一低压声光验电器，戴好绝缘手套，通过测试按钮首先测试低压验电器是否正常，然后用其接触有电部位，看验电器反应。
>
> （3）取一钳形电流表，在钳口内夹入带电的绝缘导线，观察电流表读数。

3.2　一般防护安全用具

一般防护安全用具没有绝缘性能，主要用于防止停电检修的设备突然来电、工作人员走错间隔、误登带电设备、电弧灼伤、高空落物、高空坠落等事故的发生。这种安全用具虽不具备绝缘性能，但对保证电气工作的安全是必不可少的。

一般防护安全用具有：安全带、安全帽、携带型接地线、临时遮拦、标示牌、安全牌、近电报警器等。

1. 安全带

安全带是高处作业中预防坠落伤亡的个人防护用品。在电力架空线路的杆塔上、变电站构架上安装、检修、维护等作业时，为防止作业人员从高处坠落，必须要正确使用安全带进行防护。

安全带由带、绳、金属配件组成，包括围腰带、围杆带、安全绳等。安全带的制造材料主要有尼龙等强度大、耐磨的化纤材料，也有用牛皮等材料。按结构复杂程度分为轻便式安全带、全身式安全带等。安全带使用3～5年即应报废。发现异常应提前报废。安全带试验要求见表3-6。

表 3-6 安全带试验要求

序号	项目	周期	要求			说明
			种类	试验静拉力（N）	载荷时间（min）	
1	静负荷试验	1年	围杆带	2205	5	牛皮带试验周期为半年
			围杆绳	2205	5	
			护腰带	1470	5	
			安全绳	2205	5	

安全带安全使用要求：

（1）高处作业必须使用安全带，每次使用前必须要按照要求进行外观检查，如发现破损或金属配件断裂等不符合要求的禁止使用。平时不用也应进行每月一次的外观检查。

（2）安全带的腰带应松紧适度，应挂在牢固的构件上，必须高挂低用，就是安全带挂的位置高于人作业的位置，切忌低挂高用。

（3）安全带是安全防护用品，严禁作临时吊绳等其他用途。安全带的使用存放，应避免接触高温、明火、酸类物质、有尖角的坚硬物体和化学药物。

（4）安全带是个人使用的安全防护用品，只能专人专用，专人保管。安全带上的任何部件均不得随意拆卸，必须按有关规程要求定期进行试验，不合格的禁止使用。

（5）安全带可以放在低温水中用肥皂轻轻擦洗，再用清水洗干净，然后晾晒。不允许浸入热水以及在阳光下暴晒或用火烤。

（6）在钢筋混凝土或木电杆上作业时，安全带放置位置应在距杆梢50cm的下面。

2. 安全帽

安全帽是一种用来保护工作人员头部，使头部免受外力冲击伤害的帽子。

安全帽由帽壳、帽衬、下颏带、后箍等组成。安全帽按使用材料分：工程塑料、玻璃钢等。植物枝条编织帽安全帽不适合电力、通信线路建设的高处作业。

安全帽的使用期，从产品制造完成之日计算：植物枝条编织帽不超过 2 年；塑料帽、纸胶帽不超过 2.5 年；玻璃钢（维纶钢）橡胶帽不超过 3.5 年。对到期的安全帽应进行抽查测试，合格后方可使用，以后每年抽检一次，抽检不合格，则该批安全帽报废。安全帽试验要求见表 3-7。

表 3-7　　　　　　　　　　安全帽试验要求

序号	项目	周期	要求	说明
1	冲击性能试验	按规定期限	冲击力小于 4900N	制造之日起，柳条帽≤2 年；塑料帽≤2.5 年；玻璃钢帽≤3.5 年
2	耐穿刺性能试验	按规定期限	钢锥不接触头模表面	

安全帽安全使用要求：

（1）高处作业必须使用安全帽，每次使用前必须要按照要求认真检查，安全帽的帽壳、帽箍、顶衬、下颏带、后扣（或帽箍扣）等组件应完好无损，帽壳与顶衬缓冲空间在 25～50mm，不符合要求的禁止使用。

（2）安全帽应正确佩戴。安全帽内衬应松紧适度。后箍带在脑后，下颏带系紧，防止工作中、前倾后抑或其他原因造成滑落。

（3）安全帽是安全防护用品，严禁作凳子、容器等其他用途。

（4）安全帽是个人使用的安全防护用品，只能专人专用，专人保管，必须按有关规程要求定期进行试验，不合格的禁止使用。

（5）近电报警安全帽使用前应检查其声响部分是否良好，但不得作为无电的依据。

【案例 3-3】 1983 年 9 月 19 日，湖北省某电力局 35kV 某变电站外线人员在某 10kV 线路上处理接地故障时，未挂接地线，用户自备发电机启动后向线路返送电，杆上人员黄某触电从 7m 高处坠落，致使骨折重伤。

3. 携带型接地线

携带型接地线是用来防止停电检修设备或线路突然来电、消除停电检修设备或线路感应电压及泄放其上剩余电荷的安全用具。

当高压设备停电检修或进行其他工作时，为了防止停电检修设备突然来电（如误操作合闸送电）和邻近高压带电设备所产生的感应电压对人体的危害，需要将停电设备用携带型接地线三相短路接地，这对保证工作人员的人身安全是十分重要的，是生产现场防止人身电击必须采取的安全措施。

携带型接地线由短路各相用的多股软裸铜线、接地用的多股软裸铜线及专用线夹组成（线夹用于连接接地极及连接被接地的导线）。多股软裸铜线的截面应根据短路电流的热稳定要求选定，其截面不得小于 $25mm^2$。

接地线是保证人身安全的"生命线"，要注意正确使用。携带型接地线的保管应对接地线进行统一编号，有固定的存放位置。存放接地线的位置上也要有编号，将接地线按照对应的编号对号入座放在固定的位置上。携带型短路接地线试验要求见表 3-8。

表 3-8 携带型短路接地线试验要求

项目	周期	要求				说明
成组直流电阻试验	不超过5年	在各接线鼻之间测量直流电阻，对于25、35、50、70、95、120mm² 的各种截面，平均每米的电阻值应分别小于0.79、0.56、0.40、0.28、0.21、0.16mΩ				同一批次抽测，不少于2条，接线鼻与软导线压接的应做该试验
操作棒的工频耐压试验	5 年	额定电压(kV)	试验长度(m)	工频耐压 kV		试验电压加在护环与紧固头之间
				1min	5min	
		10	—	45	—	
		35	—	95	—	
		63	—	175	—	
		110	—	220	—	
		220	—	440	—	
		330	—	—	380	
		500	—	—	580	

职业相关知识

同杆塔架设的多层电力线路挂接地线时，应先挂低压、后挂高压，先挂下层、后挂上层，先挂近侧、后挂远侧。拆除时顺序相反。

装设接地线时，应先接接地端，后接导线端，接地线应接触良好、连接应可靠。拆接地线的顺序与此相反。装、拆接地线均应使用绝缘棒或专用的绝缘绳。人体不准碰触未接地的导线。

【案例 3-4】 1986 年 9 月 17 日，宁夏某供电局线路工区三班一班员在 220kV 线路停电检修结束拆除接地线时无人监护，先拆接地端，因同杆双回路另一 220kV 带电线路感应电触电而坠落受伤。

【案例 3-5】 1985 年 11 月 1 日，河南省××供电局在检修 350 断路器及 351 断路器的工作中，杜××、金××、屠××负责检修 351 断路器。当工作进行至最后一相时，线夹的三个螺栓找不到了，于是杜××便回检修间取螺栓。当其返回时，看到屠××正在 350 断路器处做试验，喊了一声见屠××未理会，便走到 352 断路器处并误认为该断路器是 351 断路器，看到线头已接好，还误认为是螺栓已找到，便沿机构箱上构架检查螺栓紧好了没有。当其左手抓机构箱、右手摸线头时触电倒下，左手因电灼伤严重而被截肢。

4. 遮拦

高压设备部分停电检修时，为防止检修人员走错位置、误入带电间隔及过分接近带电部分，一般采用遮拦进行防护。此外，遮拦也用作检修安全距离不够时的安全隔离装置。

遮拦分为栅遮拦、绝缘挡板和绝缘罩三种。遮拦用干燥的绝缘材料制成，不能用金属材料制作，遮拦高度不得低于 1.7m，下部边缘离地不应超过 10cm。

遮拦必须安置牢固，并悬挂"止步，高压危险！"的标示牌。

遮拦所在位置不能影响工作，与带电设备的距离不小于规定的安全距离。

在室外进行高压设备部分停电工作时，用线网或绳子拉成临时遮拦。一般可在停电设备的周围插上铁棍，将线网或绳子挂在铁棍或特设的架子上。这种遮拦要求对地距离不小于1m。

需与带电部分直接接触的绝缘挡板必须具有高绝缘强度的性能。

5. 标示牌

标示牌的用途是警告工作人员不得接近设备的带电部分，提醒工作人员在工作地点采取安全措施，以及表明禁止向其设备合闸送电等。

标示牌按用途可分为禁止、允许和警告三大类。

（1）禁止类标示牌。禁止类标示牌有："禁止合闸，有人工作！""禁止合闸，线路有人工作！"等。这类标示牌挂在已停电的断路器和隔离开关的操作把手上，防止运行人员误合断路器和隔离开关，将电送到有人工作的设备上。标示牌为长方形，尺寸为200mm×160mm和80mm×65mm两种。大的挂在隔离开关操作把手上，小的挂在断路器的操作把手上。标示牌颜色为白底，红色圆形斜杠，黑色禁止标志符号，标示牌字样为红底白字。

（2）允许类标示牌。允许类标示牌有："在此工作！""从此上下！"等。"在此工作！"标示牌用来挂在指定工作的设备上或该设备周围所装设的临时遮拦入口处。"从此上下！"标示牌用来挂在允许工作人员上、下的铁构架或梯子上。此类标示牌的规格一般为250mm×250mm，在绿色的底板上绘上一个直径为200mm的白色圆圈，用黑色文字写于白圆圈中。

（3）警告类标示牌。警告类标示牌有："止步，高压危险"等。这类标示牌的规格一般为300mm×240mm和200mm×160mm，背景用白色，黑色正三角形及标志符号，衬底为黄色，文字用黑色。"止步，高压危险"标示牌用来挂在施工地点附近带电设备的遮拦上，室外工作地点的围拦上，禁止通行的过道上，高压试验地点以及室外构架上和工作地点临近带电设备的横梁上。

6. 安全牌

为了保证人身安全和设备不受损坏，提醒工作人员对危险或不安全因素的注意，预防意外事故的发生，在生产现场用不同颜色设置了多种安全牌。人们通过安全牌清晰的图像，引起对安全的注意。

发电厂、变电站电气部分常用的安全牌有：

（1）禁止类安全牌：禁止开动、禁止通行、禁止烟火。

（2）警告类安全牌：当心触电、注意头上吊装、注意下落物、注意安全。

（3）指令类安全牌：必须戴安全帽、必须戴防护手套、必须戴护目镜。

7. 近电报警器

近电报警器是一种新型安全防护用具，它适合在有触电危险的环境里进行巡查、作业时使用。在高低压供电线路或设备维护、检修，或巡视检查设备时，若工作人员接近带电设备危险距离，近电报警器会自动报警，提醒工作人员保持安全距离，避免触电事故的发生。同时，近电报警器还具有非接触性检验高、低压线路是否断电和断线的功能。一般将近电报警器装于安全帽上或制作成手表式样。

使用方法及注意事项：

（1）每次使用近电报警安全帽或报警手表前，选择灵敏度开关高或低档，然后按自检开关，若能发出音响信号，即可使用。

（2）头戴近电报警安全帽或报警手表检修架空线路和电气设备时，在报警距离范围内，若能发出报警声音，表明带电，否则不带电。

（3）当发现自检报警音调明显降低时，表明电池已快耗尽，要换新的电池。

（4）当环境湿度大于90％时，报警距离准确度要受影响，使用时要加以注意。

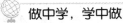 **做中学，学中做**

取一 380V 接地线，将接地线与导线连接（无电状态），然后合上空气开关电源，观察电源开关动作。在试验过程中，头戴近电报警器安全帽或佩戴近电报警器手表，须采用遮拦进行防护，并悬挂"止步，高压危险""在此工作""必须戴安全帽"等标示牌。

第 4 章

变电运行安全技术

变电运行是指在电力生产过程中，为使发供电设备正常运行，以及事故情况下的紧急处理，发电厂、变电站运行值班人员对发供电设备进行的监视、控制、操作和调整。变电运行安全技术是指运行值班人员在进行上述工作时，为保证人身安全和设备安全，应遵循的技术规范，使用的技术装备，以及采用的技术措施，本章主要讲述倒闸操作安全技术和防误装置，以及设备巡视检查安全要求。

职业岗位群应知应会目标：

（1）了解倒闸操作的概念和作用；

（2）熟悉倒闸操作的安全技术规范；

（3）掌握开关设备的操作安全技术；

（4）熟悉倒闸操作注意事项；

（5）熟悉防止误操作措施；

（6）了解一次系统的各种防误装置；

（7）熟悉电气设备巡视检查的规定和方法；

（8）熟悉各种电气设备巡视检查的注意事项。

4.1 倒闸操作安全技术

4.1.1 概述

倒闸操作是指电气设备改变运行状态或电力系统改变运行方式时，对开关电器的拉合、操作回路的拉合、控制及动力电源的拉合、继电保护装置和自动装置的投退及切换以及临时接地线的装拆等操作。

在进行倒闸操作时，一旦发生误操作，不仅会影响供电或损坏设备，还可能危及操作人员的人身安全和电网的安全运行。因此，正确进行倒闸操作是保证发电厂、变电站安全运行的一个重要内容。

发电厂、变电站是电力系统的主要环节，因负荷变化，电气设备或系统改变运行方式，经常要进行倒闸操作。发电厂、变电站里的电气设备比较多，电气接线也比较复杂，在倒闸操作中不仅有一次回路的操作，也有二次回路的操作。因此可以说，倒闸操作不仅是变电运行的一项重要的工作，也是一项经常性、比较复杂的工作。

4.1.2 倒闸操作安全技术规范

倒闸操作是变电运行的一项重要工作，因此必须以制度的形式确定其安全技术规范，其基本思想是采用"双重化"或"多重化"技术，将发生误操作的可能性降至最低。在《电力安全工作规程》（发电厂和变电站电气部分）对倒闸操作要求作出了明确规定，一些电力企业还根据本企业生产实际需要，制定了《发电运行管理》《变电运行管理》《电气操作导则》等一系列企业标准。倒闸操作一般要符合以下安全技术规范：

1. 倒闸操作命令的发受

根据《电力安全工作规程》的规定，只有值班调度员或值班负责人，即系统值班调度员或厂、站的当值值长，才有权发布倒闸操作命令；受令人必须是有设备操作资格的当值值班人员。发布命令前，发令人与受令人要互通姓名；发布命令要用正规操作术语和设备双重编号；受令人要复诵命令并做好记录。在命令传达期间，包括复诵命令，都要做好录音。发令人与受令人通话应使用普通话，避免因使用方言引起误解。

【案例4-1】 操作指令发受错误造成的线路误送电。

××发电厂通过两回输电线与××变电站相连，电气接线见

81

图 4-1，1 号线路及该线路的断路器 QF11 同时检修；2 号线路运行，计划次日 8 点至 16 点停电。

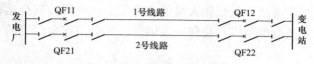

图 4-1 某电力系统接线图

当调度员了解到线路和断路器检修工作即将结束，用电话通知变电站做好恢复送电准备。调度电话通知时，变电站值班长正在巡视检查设备，一实习值班员接听电话，调度员没有询问受令人的姓名就下达通知。该实习值班员误以为接到恢复送电通知，向值班长转达，值班长也没有向调度询问就进行恢复送电操作。在合上断路器 QF12 送电时，线路检修人员仍未结束工作，结果造成人身触电事故。

2. 操作票的填写

倒闸操作由操作人填写操作票。由于某些操作项目繁多，路径不一，为避免填写操作票时发生错项、漏项，次序颠倒，按《电力安全工作规程》的要求，每张操作票只能填写一个操作任务，操作票应填写设备的双重名称，即设备名称和编号。

填入操作票内的操作项目有：应拉合的断路器（开关）和隔离开关（刀闸），检查断路器和隔离开关的位置，检查接地线是否拆除，检查负荷分配，装拆接地线，安装或拆除控制回路或电压互感器的熔断器，切换保护回路和检验是否确无电压等。

此外，作废的操作票应加盖"作废"印章，已执行的操作票应加盖"已执行"印章，避免发生混乱。

近年使用的微机"五防"安全装置和计算机自动生成操作票系统，可以自动生成操作票，有些还具有一定的人工智能水平。使用计算机自动生成的操作票，应注意一、二次设备实际运用情况是否与自动生成操作票的环境一致，尤其是在某些特殊运行方式时，更需要仔细检查，不允许直接使用典型操作票作为现场实际操作票。另外，就目前操作票自动生成系统所达到的水平，还不能完全取代人工填写操作票，所以在现场运行中，电气值班人员还需要人工填写操作票。

【案例 4-2】 不填写操作票野蛮操作造成的带接地线合闸。

某变电站一线路检修结束后，由检修状态改为热备用状态。该变电站值班员接到操作任务后，不填写操作票就独自一人操作。结果在没有操作票，也没有人监护，对设备也不作检查的情况下，未拆除该线路母线隔离开关与断路器间的临时接地线，就贸然合上母线隔离开关，结果造成带接地线合闸，引致母线短路，主变压器过流保护动作跳闸，全站失压，该隔离开关也严重烧毁。

【案例 4-3】 操作票填写错误造成的带负荷拉隔离开关。

图 4-2 是某发电厂出线倒闸操作示意图。操作前，断路器 QF 检修，由母联断路器和旁路开关 QS5 代替断路器 QF 向出线送电。

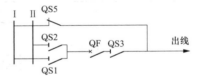

断路器 QF 检修完毕恢复运行，按一次回路正确操作顺序：①合上 QS1；②合上 QS3；

图 4-2　出线倒闸操作示意图

③合上 QF；④拉开 QS5。由于操作人员在填写操作票时漏写第二项"合上 QS3"，监护人、值班长和值长审核时粗心未发现，操作人、监护人合上 QF 后也没有认真检查电流表指示，在拉开 QS5 时，结果造成带负荷拉隔离开关，引起母线弧光短路，并导致附近电缆着火，操作人、监护人都被电弧灼伤，幸亏抢救及时才避免高压室被烧毁。

3. 操作票的审核

操作人填写完操作票后，应与监护人一起按模拟图板或接线图核对所填写的操作项目，交由值班负责人审核签名，特别重要和复杂操作还应由值长审核签名。

4. 操作模拟预演

经审核合格的操作票，在操作前由操作人和监护人在模拟图板上进行核对性模拟预演，确认无误后才能进行操作。

5. 操作监护复诵制

为防止发生误操作，规定倒闸操作必须由两人执行，其中对设备较为熟悉者做监护。特别重要和复杂的倒闸操作，由熟练的值班员操作，值班负责人或值长监护。

倒闸操作时，由监护人按操作顺序发布操作命令，俗称"唱票"，操作人受令后复诵一遍，确认后由监护人下达"执行"命令，操作人才能操作。每次发令只能是一个操作项目，每项操作完毕要进行核实，监护人在操作票上做"√"记号，再做下一项操作，直至完成整个操作任务。操作流程如图 4-3 所示。

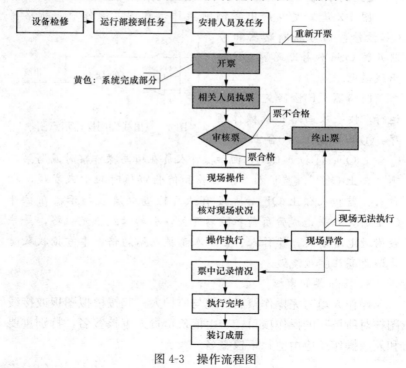

图 4-3 操作流程图

对采用计算机监控系统的厂、站，一般应设置上位机（监护人）认可模式，即操作人发出的指令需经上位机（监护人）认可（按确认键）才被执行，类似常规监控系统执行操作监护复诵制。有关操作记录则由计算机监控系统自动记录。

6. 结束操作票

完成操作任务后，操作人和监护人要进行全面检查，避免漏操作。确认无错漏后，监护人记录操作时间，向当值值班负责人（值长）或调度员汇报。如果在操作过程中碰到特殊问题，还应记录在案，以备以后复查总结。

此外，作废的操作票应加盖"作废"印章；已全部执行或仅部分执行的操作票，结束后应加盖"已执行"印章；某操作项因故未执行，应在该项目栏加盖"此项未执行"印章；合格的操作票全部未执行，应加盖"未执行"印章，并说明原因，避免发生混乱。

4.1.3 开关设备操作安全技术

在高压系统中使用的开关设备主要有高压断路器（开关）和隔离开关（刀闸），发电厂和变电站一次回路操作的主要操作对象也是这两种开关设备，下面着重介绍这两种开关设备操作的安全技术。

1. 高压断路器操作安全技术

高压断路器是高压系统中最重要的开关电器和保护电器，设有灭弧能力很强的灭弧装置，在额定条件下可拉合工作电流、过负荷电流和短路电流，也是倒闸操作的主要操作对象之一。为正确使用和操作断路器，变电运行人员应遵循以下安全技术原则：

（1）熟悉所使用断路器的技术性能。目前现场使用的断路器主要有少油断路器、SF_6断路器和真空断路器等三种类型，熟悉其技术性能，如灭弧性能和操作性能，是保证正确操作断路器的条件之一。如SF_6断路器是利用加压的SF_6气体灭弧，操作前应检查灭弧室SF_6气压和水分含量，防止在SF_6气体压力不足或严重劣化的状态下操作断路器切合电路；又如贮能式操动机构在操作前应贮好能量，所以对配置贮能式操动机构的断路器操作前，要检查液压操动机构的压力，弹簧操动机构的合闸弹簧位置。了解设备性能，才能检查到位，保证操作的正确性。

（2）了解所操作断路器当前健康状况。了解断路器当前健康状况，是为了防止在操作过程中出现意外事故，如发生断路器爆炸。所操作的断路器是否处于良好健康状态，或是存在缺陷，这些缺陷对操作断路器是否有影响，变电运行人员应该做到心中有数，避免蛮干。如少油断路器油位、油色是否正常，开断次数是否达到额定次数；SF_6 断路器是否存在严重漏气现象；真空断路器的真空度是否严重下降；液压操动机构的压力是否正常，是否存在严重漏油现象。这些对断路器操作有重大影响的设备缺陷，变电运行人员要及时了解，在消除缺陷后才能进行操作。

断路器安全操作基本要领

（1）在断路器合闸过程中，灭弧介质会出现预击穿现象，介质被游离产生出气体，导致灭弧室压力增高。因手动合闸速度较慢，燃弧时间较长，容易造成灭弧室压力过高，若超过断路器的机械强度将导致断路器爆炸。所以，不允许带电手动操作合闸。

（2）断路器合闸前，必须投入相关继电保护装置和自动装置，以便合在故障设备上或带接地线合闸时，断路器能迅速动作跳闸，避免越级跳闸扩大事故影响范围。

（3）了解当前运行方式对断路器操作的影响，如在某运行方式下合上断路器，最大短路电流是否大于断路器的开断电流；在某运行方式下操作断路器，是否会引起谐振过电压，操作断路器时应避开这些可能导致危险的运行方式。

（4）用控制开关进行断路器合、分闸时，应动作迅速，待指示灯亮后才松手返回；也应注意不要用力太猛，以免损坏控制开关。

（5）断路器操作完成后，应检查相关仪表和信号指示，避免非全相合、分闸，确保动作的正确性。

（6）在误合、分闸可能造成人身伤亡事故或设备事故的情况下，如断路器检修、断路器存在严重缺陷不能分闸、继电保护装置故障、倒母线操作时、二次回路有人作业时、拉开与断路器并联的旁路开关时等情况，应断开断路器的操作电源。

（7）现场有作业时，对有"遥控"操作的断路器，应将控制方式切换到"就地控制"，并断开操作电源，悬挂"禁止合闸"标示牌。

2. 隔离开关操作安全技术

隔离开关在高压系统中主要用于隔离电源，使检修设备与带电设备间有一明显断开点，以保证检修安全，隔离开关还可用于倒母线操作，以及拉合有限制的小电流电路。

（1）安全操作基本技术原则。

由于隔离开关没有专门的灭弧装置，不能开断负荷电流，其安全操作基本技术原则是等电位操作，严禁带负荷拉合隔离开关。

当用隔离开关配合高压断路器作停、送电操作时，应先检查断路器的位置必须在"断开"状态，还应按一定操作顺序进行。为减轻因走错间隔引发误操作所造成的损失，应按一定的操作顺序进行。停电拉闸操作时，按"断路器—负荷侧隔离开关—电源侧隔离开关"的顺序依次操作；送电合闸操作时应按相反顺序进行。

在双母线倒母线操作时，应先要合上母联断路器，使双母线等电位，然后按"先合后拉"顺序操作隔离开关，即合上另一组母线的母线隔离开关后，才能拉开原在运行的母线隔离开关。

对带有接地刀闸的隔离开关，应注意主刀闸与接地刀闸的连锁要求。

当防误操作装置不能解锁时，应检查操作程序是否正确、操作对象是否正确、防误装置是否完好，不能随意解除防误装置；只有确认防误装置失灵时，经批准后才能解锁操作隔离开关。

【案例 4-4】　操作票填写错误及操作水平低造成的带接地线合闸。

某发电厂 10kV 1 号母线检修，2 号母线运行，1 号母线接有临时地线，当时运行方式见图 4-4。在对厂用电变压器停电操作时，操作票误填为已断开的隔离开关编号，即将拉开 QS2 误填为拉开 QS1，审核时又未能发现。当操作人员拉开断路器 QF 后，对隔离开关 QS1 进行分闸操作，发现摇不动操作手把，不做检查和思考就向反方向摇动操作手把，监护人也未发现操作人的错误动作，结果造成带接地线合闸，引致全厂停电。

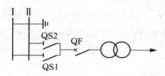

图 4-4　厂用变压器运行方式

隔离开关安全操作要领：

（1）在手动合隔离开关时，应动作迅速果断，一合到底，即使出现弧光，也不能中途停顿，更不能将已合闸或将合闸的隔离开关拉回。因为带负荷拉隔离开关会引起更大弧光，使设备损坏更严重，甚至造成支持绝缘子爆炸和电弧灼伤操作人员。在隔离开关合到底时，也不要用力过猛，以免造成冲击折断支持绝缘子。

（2）在手动拉开隔离开关时，应分两步进行。第一步是先缓慢拉开动触头，形成一微小间隙，观察是否出现异常弧光，若正常则可进行第二步，迅速将动触头全部拉开；若发现有异常弧光，应立即将动触头重新合上，停止操作，待查明原因后再进行操作。

（3）对分相操作的隔离开关，一般先拉开中间相，然后再拉开两个边相，有风时应先拉下风相，后拉上风相；合闸操作刚好相反，先合两个边相，最后合中间相。

（4）对远方操作的隔离开关，不应在带电压情况下就地手动操作；当操作失灵时，应查明原因，只有在确定操作正确时，才允许解锁手动操作。

（5）手动操作隔离开关，应戴绝缘手套，穿绝缘鞋。

（6）隔离开关经操作后，特别是远方操作，必须进行位置检查，确认隔离开关操作到位，即全拉开或全合上，以及位置指示器指示正确；若未操作到位，要手动操作到位，并检查设备是否存在缺陷。

（2）隔离开关可拉合的小电流电路。

利用拉长电弧和在空气中熄弧，隔离开关可拉合有限制的小电流电路，具体如下：

1）拉合无故障的电压互感器和避雷器。

2）拉合无故障母线和连接在母线上设备的电容电流。

3）在系统无接地故障的情况下，拉合变压器中性点接地开关。

4）拉合电压 35kV、长度 10km 及以下的空载架空线路。

5）拉合电压 10kV、长度 5km 及以下的空载架空线路。

4.1.4　倒闸操作注意事项

发电厂、变电站倒闸操作是一项比较复杂的工作，应坚持操作之前"三对照"（对照操作任务和运行方式填写操作票、对照模拟图审查操作票并进行预演、对照设备名称和编号无误后再操作）；操作之中"三禁止"（禁止监护人直接操作设备、禁止有疑问盲目操作、禁止边操作边做其他无关事情）；操作之后"三检查"（检查操作质量、检查运行方式、检查设备状况）。为保证倒闸操作安全进行，还应注意有关事项。

保证倒闸操作安全注意事项：

（1）倒闸操作前，必须了解系统当前的运行方式，继电保护、自动装置运行情况，并考虑操作中及操作后电源与负荷的合理分布。

（2）设备送电前，必须严格执行工作票终结制度，收回工作票，拆除有关临时安全措施（拉开接地刀闸，拆除临时接地线，恢复固定遮拦及常设标示牌等），测量绝缘电阻，对送电设备进行全面检查。

（3）倒闸操作前，应考虑有关继电保护装置、自动装置的投运和整定值调整，防止无保护运行和保护不正确动作。

（4）应注意主设备与所属二次设备的投退顺序，如备用电源自动投入装置、自动重合闸装置、自动励磁调节装置应在主设备投运后投入，在退出运行前退出。

（5）在倒闸操作过程中，应注意分析仪表和信号指示，防止有设备过负荷跳闸或出现其他异常情况。若碰到有疑问，应停止操作重新检查核实，不得擅自改动操作票。

（6）在断路器操作前应检查直流操作电源电压是否正常，若不正常应检查消除后，才能进行操作。

（7）正确对防误装置解锁、加锁。

（8）正确使用合格的安全用具，如验电器、绝缘棒、绝缘手套、绝缘鞋等。

4.1.5 误操作事故预防

电业生产中的误操作事故，都是人为责任事故。误操作包括误调度，误触误碰，误（漏）拉合开关、连接片，误（漏）装拆接地线或其他安全措施，误（漏）投切保护等。其中带负荷拉合隔离开关，带电合接地刀闸，带接地线合隔离开关等，其性质恶劣、后果又特别严重，所以又称为恶性误操作。

【案例4-5】某变电站1号主变压器停运检修，在拉开1号主变压器三侧断路器后，操作人和监护人按下一操作项目来到10kV高压室操作隔离开关。二人走错间隔到了2号主变压器隔离开关处，既没有核对操作设备名称，也未检查断路器的位置，即进行拉开2号主变压器隔离开关操作。在防误操作闭锁装置正确闭锁，电磁锁不能打开的情况下，二人不查明原因，强行解锁，拉开2号主变压器隔离开关，结果造成带负荷拉隔离开关恶性事故，引起2号主变压器差动保护动作跳闸，全站失压。

1. 防止误操作措施

从上述典型误操作教训中可以看出，加强工作人员责任心，严格执行各种规章制度，提高运行人员技术水平，采用先进的技术装备，是防止发生误操作的根本措施，也是长期运行经验的总结。

电气操作的"六要七禁八步"。所谓"六要"就是为了防止发生误操作，倒闸操作要具备某些必要条件；所谓"七禁"就是为了有效防止电气误操作事故的发生，倒闸操作规定了某些禁止事项；所谓"八步"就是在操作过程中，工作人员要正确掌握倒闸操作的各个步骤。

六要：

(1) 要有考试合格并经批准公布的操作人员名单。

(2) 要有明显的设备现场标志和相别色标。

(3) 要有正确的一次系统模拟图。

(4) 要有经批准的现场运行规程和典型操作票。

(5) 要有确切的操作指令和合格的倒闸操作票。

(6) 要有合格的操作工具和安全工器具。

七禁：

(1) 严禁无资质人员操作。

(2) 严禁无操作指令操作。

(3) 严禁无操作票操作。

(4) 严禁不按操作票操作。

(5) 严禁失去监护操作。

(6) 严禁随意中断操作。

(7) 严禁随意解锁操作。

八步：

(1) 接受调度预令，填写操作票。

(2) 审核操作票正确。

(3) 明确操作目的，做好危险点分析和预控。

(4) 接受调度正令，模拟预演。

（5）核对设备命名和状态。

（6）逐项唱票复诵操作并勾票。

（7）向调度汇报操作结束及时间。

（8）改正图板，签销操作票，复查评价。

2. 装设防误操作的闭锁装置。

为防止误操作的发生，人们除了制定一系列严格的规章制度，加强对工作人员的教育培训，提高操作人员技术水平外，还研制出各种防误操作的闭锁装置，利用先进的技术装备，减少发生误操作的可能，将人为过失的影响降至最低，这也是防止发生误操作的一个重要途径。目前现场使用的防误装置有机械型、电磁型、微机型等多种类型，这些防误装置性能各异，有些已有多年的运行经验，对防止误操作的发生都起到一定作用。

在技术设备高度发展的今天，我们应该重视技术装备对安全运行的重要作用，尤其是在大型发电厂、枢纽变电站和无人值班变电站，更应注意配置微机型"五防"装置等先进的安全技术装备。对凡可能引起误操作的高压设备，均应装设防误装置，已装设的防误操作装置应投入运行，防误装置故障应作为设备严重缺陷进行处理。加强维护，确保装置能正常运行，使防误装置能发挥应有作用。

3. 倒闸操作危险点分析及预控措施

（1）对有操作顺序关系的操作，若未按调度规定的操作原则进行操作，容易引发误操作事故。为防止发生此类误操作，在技术装备方面，应装设完善的"五防"装置。对倒闸操作流程重点环节、重要复杂的操作，可在典型操作票中注明注意事项；对具体设备及操作要求，应制定可行的操作规范。

（2）对特殊设备、特别部位验电接地，以及工作结束后拆除接地线时发生差错，导致带电挂地线或漏拆接地线。为防止出现差错，可采用：

1）接地端定位原则，即户外接地端具有防止带电挂地线和带接地线合闸的功能，且同一部位接地点必须保持唯一性；对导电端在柜内的接地线，其接地端应设在柜外，并与柜门实现连锁。

2）导电端定位原则，接地线应设置在明显可视位置，且方便操作人员安全地悬挂接地线。

3）标示牌等提示方式，通过现场标示牌提醒操作人员正确进行操作，如10kV分段开关与分段触头间挂接地线，应说明是在哪一个柜内挂接地线；又如无法正常验电的封闭式开关柜，应明确具体的验电接地方法。

（3）切换母线电压互感器时没有注意相关的继电保护装置，影响保护的正确动作。对操作与二次电路有关的设备时，应注意二次系统的运行情况，仔细查阅二次电路图，避免填写操作票时漏项。

（4）手车开关柜柜门未上锁，可能造成误入带电间隔。对因手车开关柜在检修、试验位置未能锁上柜门的，应设置警示，防止误入和误操作。

> 做中学，学中做
> 模拟写操作票10kV线路从运行改为线路检修，并操作。

4.2 一次系统的防误装置

电气防误装置是发电厂、变电站的重要安全设备，按闭锁方式，有机械闭锁、电气闭锁、电磁锁闭锁等类型。为全面实现所谓"五防"要求，即防止带负荷拉隔离开关，防止带接地线合闸，防止带电合接地隔离开关，防止误拉合断路器，防止误入带电间隔，可按操作对象之间的逻辑关系和设备结构，分别采用不同闭锁方式。

4.2.1 机械闭锁

机械闭锁是靠机械制约而达到预定目的的一种闭锁方式，即一元件操作后，另一元件就不能操作。如带接地开关的隔离开关，就采用这种闭锁方式，当主开关合闸时，接地刀闸不能合闸；接地刀闸合上后，主开关就不能合闸。机械闭锁简单，容易实现，带接地刀闸的隔离开关一般都设有这种闭锁装置。高压开关柜机械闭锁如图 4-5 所示。

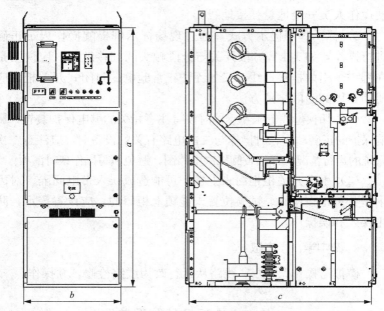

图 4-5　高压开关柜机械闭锁

由于机械闭锁只能是近距作用，如隔离开关与自带接地开关之间的闭锁，即同一设备不同部分间的闭锁，若需要与断路器或与其他隔离开关、接地开关之间实现闭锁，即不同设备间的闭锁，则需要其他闭锁方式。

4.2.2　电气闭锁

电气闭锁是通过控制操作对象的操作（控制）电源而达到预定闭锁目的的一种闭锁方式，它可以远距作用，也可以实现比较复杂的闭锁关系，如断路器与两侧隔离开关之间的闭锁，双母线倒闸操作中的隔离开关操作闭锁，旁路断路器代路时的隔离开关操作闭锁等。

线路（主变压器）单元电气闭锁装置电路图见图 4-6。

该单元电气闭锁装置可实现：

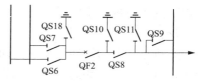

（1）断路器 QF2 对母线侧隔离开关 QS6、QS7 及线路侧隔离开关 QS8 的闭锁。当 QF2 合上时，控制回路中

图 4-6 电气闭锁装置
电路一次接线图

QF2A、QF2B、QF2C（对分相操动机构而言，三相联动操动机构则只有一对 QF2 动断辅助触点）动断辅助触点断开，切断 QS6、QS7、QS8 的操作电源，使 QS6、QS7、QS8 不能进行合、分闸操作，从而可防止带负荷拉合隔离开关。

（2）母线侧隔离开关 QS6、QS7 与断路器母线侧接地开关 QS18 之间的闭锁。当 QS18 合上时，控制回路中的 QS18 动断辅助触点断开，切断 QS6、QS7 的操作电源，不能对 QS6、QS7 进行操作，从而可防止带接地线合隔离开关。

当 QS6、QS7 任一合上时，电磁锁控制回路中 QS6、QS7 动断辅助触点至少有一个断开，这时电磁锁不能打开，不能对 QS18 进行操作，从而可防止带电合接地开关。

（3）线路侧隔离开关 QS8 与两侧接地开关 QS10、QS11 之间的闭锁。当接地开关 QS10、QS11 任一合上时，控制回路中的 QS10、QS11 动断辅助触点至少有一个断开，切断 QS8 的操作电源，不能对 QS8 进行操作，从而可防止带接地线合隔离开关。

当 QS8 合上时，这时 QS10、QS11 电磁锁不能打开，不能对 QS10、QS11 进行操作，从而可防止带电合接地开关。

（4）旁路开关 QS9 与线路侧接地开关 QS11 之间的闭锁。闭锁原理同上，此处不再详叙。

4.2.3　微机型"五防"装置

微机型"五防"装置是借助于计算机技术发展而成的新型防止误操作安全装置，可以实现复杂的闭锁逻辑关系，还可以检验和打印操作票，具有功能强、安全简单、使用与维护方便，而且可以节约大量的二次电缆的优点，在发电厂、变电站中已逐步得到广泛应用。

微机型"五防"装置一般由四部分组成：①主机；②一次系统模拟盘；③电脑钥匙；④编码锁。图4-7是微机型"五防"装置配置图。

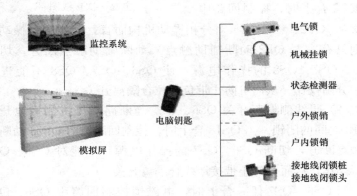

监控系统

电气锁

机械挂锁

状态检测器

户外锁销

电脑钥匙

户内锁销

模拟屏

接地线闭锁桩
接地线闭锁头

图4-7 微机型"五防"装置配置图

主机是微机型"五防"装置的核心，根据厂、站一次系统接线和一次设备操作的闭锁逻辑关系，建立并存放发电厂、变电站所有设备的正确操作程序，用于审核操作人所填写的操作票，如发现错误会自动报警，并输出经检验合格的操作程序；也可按操作任务向操作人提供合格的操作票，并通过打印机输出。一次系统模拟盘通过接口电路与主机相连，用于反映一次系统各设备当前运行状态。电脑钥匙存放经检验的正确操作程序，用于现场操作时的解锁。在每个一次开关（断路器、隔离开关、接地刀闸等）的操作回路、操作把手，以及开关柜门、接地线桩等安装有编码锁，只有按正确操作程序打开编码锁，才能进行操作。

当操作人按填写好的操作票在一次系统模拟盘进行预演操作时，计算机根据预先存放的正确操作程序，对模拟盘上每一步预演操作进行判断，若操作正确，发出操作正确的音响，可进行下一步操作；若操作错误，则拒绝执行并发出操作错误报警，同时显示器闪烁，显示错误操作项的设备编号，直至将错误项复归为止。模拟盘上的预演操作结束，即操作票审查合格，打印机可打印出合格的操作票，并通过模拟盘上的光电传输口将正确操作程序输入到电脑钥匙中。操作人和监护人就可以拿电脑钥匙和操作票到现场进行操作。在现场操作时，电脑钥匙上的显示屏按顺序显示正确的操作内容，并通过探头检查操作对象是否正确，若正确则闪烁显示被操作设备编号，同时打开编码锁，操作人可对设备进行操作；若走错间隔或漏项，与操作程序不符，则不能打开编码锁，电脑钥匙发出报警音响，提示操作人员。电脑钥匙显示屏在每一项操作结束后，能自动显示下一项操作。全部操作结束后，电脑钥匙发出音响，提示操作人员操作已经全部结束，关闭电脑钥匙电源。

若微机型"五防"装置是孤立系统，即与计算机监控系统没有信息关联，则"五防"装置判断操作是否正确完全依赖模拟盘上反映的设备运行状态。由于模拟盘上的设备运行状态并非来自现场信息，而是由人工设定，模拟盘上的设备运行状态是否与现场设备一致，这是使用微机"五防"装置要特别注意的问题，如果不一致就有可能造成误操作。另外，断路器的运行状态除关系到当前位置外，还关系到进入该位置的方式，如断路器处于跳闸位置，是手动跳闸还是保护动作跳闸，模拟盘不能表示是何方式进入该位置的。在保护动作断路器跳闸后，需拉开两侧隔离开关进行事故处理，由于模拟盘无法反映该情况，操作程序中仍包含"拉开××断路器"的操作项。在执行操作时，由于该断路器已断开，在执行程序中只能作"跳项"处理，即不执行该操作项就进入下一项操作，这也留下了误操作隐患。

若微机型"五防"装置（防误操作程序）是计算机监控系统的子系统，防误操作闭锁也就是防误操作程序闭锁，操作指令要经过防误操作程序逻辑检查，正确的操作指令检查无误后发出，错误的操作指令被闭锁，同时报警。另外，从计算机监控系统获取的设备运行信息，也就是现场设备的实际运行信息。

微机防误操作安全装置是"五防"装置的发展方向，与其他新技术装备一样，微机"五防"装置也有个完善过程，运行人员也有个熟悉使用的过程，随技术的发展和装置的完善，微机防误操作装置在"五防"工作中会发挥越来越大的作用。

 做中学，学中做

操作机械闭锁装置，了解其结构和工作原理。

4.3 电气设备的巡视检查

对运行中的电气设备进行巡视检查和维护，也是变电运行人员重要任务之一。在日常巡视检查和运行维护工作中，工作人员应遵守巡视检查中有关安全规定和运行维护注意事项，正确使用检查方法，保证工作人员的人身安全和设备安全。

4.3.1 设备巡视安全规定和检查方法

1. 设备巡视有关规定

根据《电力安全工作规程》中有关规定：

（1）在对高压设备巡视时，不得进行其他工作，不得移开或跨越遮拦。要求巡视人员专心致志，并保持与带电体有足够的安全距离。

（2）雷雨天气，需要巡视室外高压设备时，应穿绝缘鞋，并不得靠近避雷针和避雷器，防止可能产生危险的跨步电压及避雷器爆炸对人造成伤害。

（3）在巡视过程中，发现有高压设备发生接地故障时，与接地故障点室内要保持 4m 以上距离，室外要保持 8m 以上距离。进入作业区，必须穿绝缘鞋，接触设备外壳和架构，必须戴绝缘手套。

（4）设备巡视检查分正常巡视检查和特殊巡视检查，正常巡视检查每班不得少于 2 次，特殊巡视检查视现场运行规程而定。

2. 一般检查方法

对设备的日常巡视检查是利用人的感官，通过目测、耳听、鼻嗅、手触等方法，并结合仪表和其他检测器的指示，检查设备是否出现异常象征或存在缺陷。目测法是观察设备外观是否出现异常象征，如导线松股、绝缘子闪络、油位过低或过高、油色变黑等；耳听法是检查设备是否有异常响声，如设备松动的撞击声、放电的闪络声、油的翻滚声等；嗅觉法是检查设备是否有异常气味，如导线接头处过热产生的焦臭味和电晕产生的臭氧味；触摸法是检查设备外壳温度是否过高，设备振动是否过大等情况，但该检查一定要在安全部位小心进行。

3. 巡视检查的要求

巡视检查人员应熟悉所管辖的设备，熟悉现场运行规程，按规程要求的巡视路线、周期、检查内容进行巡视检查，巡视到位，不发生漏检、误检。发现设备出现异常象征或存在缺陷，要及时汇报处理并做好记录。按现场运行规程，不立即对设备安全运行构成影响的异常情况，可通过加强监视，降额运行，待以后设备检修时再做处理；对设备安全运行构成威胁的，应马上向值长或调度汇报，申请停运；在紧急情况下，如设备着火，应立即将故障设备停运，然后向上级汇报。

为能及时发现设备缺陷，认真细致的工作作风、丰富的运行经验、较高的技术水平，对保证巡视检查质量是不可缺少的。另外，保持巡视通道的平整和通畅，如接地扁铁应压平，电缆沟盖板应牢固；对正常运行不允许操作的按钮和不能碰撞的继电器，设置警告标示，这些细节对防止巡视发生危险也是必不可少的。

【案例4-6】 2005年4月12日9时42分，湖南省某110kV无人值班变电站门卫报告该站内设备有大的电火花产生，该电业局维操二队安排雷××、侯××到该站查看设备情况并测温。

雷××到现场后超越职责范围，在未进行分工和无人监护的情况下，无视爬梯上"禁止攀登，高压危险"的警告牌，攀登至110kV团箕线508断路器出线穿墙套管检修平台，靠近带电的高压设备进行红外线测温，遭受严重电灼伤。

4.3.2 巡视检查注意事项

1. 发电机的巡视检查注意事项

（1）巡视检查人员除应遵守《电力安全工作规程》中有关巡视检查的安全规定，还应注意现场对巡视路线、周期，以及着装和工具使用的特别要求，如氢气区域不能穿带铁钉、铁掌的皮鞋，需要触摸设备外壳或开柜门进行检查，要注意使用合适的工具在安全部位进行，以免发生触电或烫伤。

（2）在发电机大修后的投运或存在缺陷时，应加强巡视检查。

（3）发现设备有异常现象，要按运行规程及时汇报处理。如发现电刷严重磨损，要向值班长、值长汇报，做好更换电刷准备；如发现定子绝缘水管接头渗漏，应向值长汇报，申请停机维修，并加强巡视；如发现发电机有黑烟冒出，确认是发电机内部发生短路故障，应紧急停机，并向值长汇报。

2. 变压器的巡视检查注意事项

（1）巡视检查人员除应遵守《电力安全工作规程》中有关巡视检查的安全规定，还应注意现场对着装和工具使用的特别要求，如在接地网接地电阻不符合要求的情况下进行室外变压器巡视检查时，按规定穿着绝缘鞋；保持与中性点接地线有足够的安全距离；巡视室内变压器时不得单独移开或跨越遮拦进入隔离室等。

（2）在特殊情况，如大风、大雾、大雪、雷雨后和气温突变等天气，应对变压器进行特殊巡视检查。如有无积物、积雪，套管绝缘子有无严重电晕、闪络放电现象，避雷器动作次数，套管有无放电痕迹、破损等。

（3）变压器过负荷运行期间，要加强对变压器的巡视检查，重点检查变压器运转声音、冷却器运行情况、变压器上层油温等。

（4）气体继电器动作后，应对变压器进行外部检查，并抽取气样进行分析。

（5）夜间巡视时，应注意引线接头、线夹处应无过热、发红及严重放电现象。

（6）发现变压器有异常现象，要按运行规程及时汇报处理。如发现渗漏，要汇报并记录设备缺陷，可采取一些临时措施，待检修时再作彻底处理；若漏油严重造成油面过低，则要立即汇报，准备停运；如发现变压器内部有放电声，应立即停运检查。

3. 高压断路器的巡视检查注意事项

（1）巡视检查人员除应遵守《电力安全工作规程》中有关巡视检查的安全规定外，还要遵守现场运行规程的安全规定，如在巡视检查时不得随意打开间隔门；对 GIS 配电装置巡视检查不得单人进行；进入 SF_6 高压配电室应先开启通风机，并不小于 15min；在报警状态下不得进入 SF_6 高压配电室，如要进入则要戴防毒面具、手套，穿防护衣。

（2）在气温低的冬天，要按运行规程开启加热器，对少油断路器和 SF_6 断路器进行加热，防止油、气黏度增大而导致开断能力下降。

（3）在断路器故障跳闸、强送电后，高温、高负载期间，以及气温突变时，应进行特殊巡视检查。

（4）巡视检查中发现断路器有异常现象，按影响程度作加强监视，或停用检查处理。如发现引线接头处示温片指示接头过热，可加强监视，或采用减负荷的降温方式进行处理；若发现少油断路器严重漏油、真空断路器泄漏、SF_6 断路器气压过低，或液压操动机构严重漏油，应立即拉开控制回路电源，报告调度后经倒闸操作退出运行，做停用检查或修理。

4. 隔离开关的巡视检查注意事项

（1）巡视检查中发现隔离开关有异常现象，按影响程度作加强监视或停用检查处理。如发现连线接头处示温片指示接头过热，可加强监视，或采用转移负荷的方式进行处理；如发现绝缘子闪络或操动机构异常，应报告调度后经倒闸操作退出运行，做停用清扫或检修处理。

（2）对隔离开关的防误操作安全装置缺陷应作为设备严重缺陷对待。

5. 互感器的巡视检查注意事项

巡视检查中发现互感器有异常现象，按具体情况作加强监视，或停用检查处理。在处理中应注意：

（1）在对母线电压互感器作紧急停用处理时，如发现电压互感器冒烟着火，严禁用隔离开关拉开故障的电压互感器，应使用断路器来断开。

（2）在处理电流互感器二次回路开路时，值班人员应穿绝缘鞋，戴绝缘手套和使用绝缘工具。

6. 电容器的巡视检查注意事项

巡视检查中发现电容器有异常现象，按具体情况作加强监视和改善运行条件，或停用检查处理。

（1）发现电容器外壳膨胀变形，应采用强力通风以降低电容器温度，如发生群体变形应及时停用检查。

（2）发现电容器渗漏，应加强监视，并减轻电容器负载和降低周围环境温度，但不宜长期运行；若渗漏严重，应立即汇报并作停用检查处理。

（3）因过电压造成电容器跳闸，应对所有设备进行特别巡视检查；若未发现问题，也要在 15min 后才能试合闸。

第 5 章

变电检修安全技术

运行中的电气设备发生故障，不仅影响供电安全，还可能危及电网的安全运行和人身安全，所以电气设备普遍执行预防性检修制度，即定期对设备进行检修或按设备状态进行检修，可以有效地提高电气设备运行的可靠性，也体现了"安全第一，预防为主，综合治理"的安全方针。

由于发电厂、变电站的电气设备种类繁多，结构、性能各异，因此，检修作业的安全技术也有所不同。另外，发电厂、变电站的电气设备均实行轮换检修制度，即某台设备进行检修，相邻的同类设备则处于运行状态，即使是在一个特定范围内的设备停电检修，其他设备仍是带电或运行中。所以，作业人员应严格执行《电力安全工作规程》中有关作业安全的规定，与运行值班人员密切配合，自觉遵守现场作业安全措施，才能保证设备安全和人身安全。

职业岗位群应知应会目标：

（1）掌握检修作业的安全组织措施；

（2）了解变电工作票的种类；

（3）了解变电工作票的填用要求；

（4）了解变电工作票的执行流程；

（5）掌握作业安全技术措施；

（6）了解各种主要电气设备检修的安全技术。

【案例 5-1】 1991 年 11 月 18 日，某供电局继电保护班工作负责人张××口头申请将某变电站 352 断路器退出运行，并将 352 线路隔离开关的开关侧接地开关合上。变电站值班员按其要求将 352 断路器退出运行，做好安全措施后，于 15 时 05 分允许继电保护班的张××和王××开始工作。于 17 时 20 分更改 TA 变比的抽头工作完毕（整个工作未完工），张、王即下班离去。但变电站值班员于 17 时 30 分将 352 断路器投入运行。次日，张、王二人到变电站做 352TA 极性试验，张在开关柜正面处理二次端子，王在开关柜背面攀登 352 断路器时触电。上身多处被电弧烧伤，右手食指被切除，构成重伤事故。

5.1 作业安全组织措施

为保证变电作业安全，《电力安全工作规程》制定了包括现场勘察制度，工作票制度，工作许可制度，工作监护制度，工作间断、转移和终结制度等组织措施，明确作业安全的技术规范。一些电力企业还根据本企业生产实际需要，制定了《变电工作票技术规范》等企业标准。

5.1.1 现场勘察制度

现场勘察制度主要作为电气安全作业的一项重要组织措施，按照标准化、规范化作业要求，能有效地提高执行力，提升现场安全防范能力。

变电检修（施工）作业，工作票签发人或工作负责人认为有必要现场勘察的，检修（施工）单位应根据工作任务组织现场勘察，并填写现场勘察记录。现场勘察由工作票签发人或工作负责人组织。

现场勘察制度主要施用于电气的检修和施工，从众多事故案例分析，许多事故的发生，往往是作业人员事前缺乏危险点的勘察与分析，事中缺少危险点的控制措施所致，因此作业前的危险点的勘察与分析是一项十分重要的组织措施。

缺乏严肃认真的现场勘察和分析，就必定导致现场作业组织的缺失及对危险点的失控。在《电力安全工作规程》中规定：现场勘察应查看现场施工（检修）作业需要停电的范围、保留的带电部位和作业现场的条件、环境及其他危险点等。根据现场勘察结果，对危险性、复杂性和困难程度较大的作业项目，应编制组织措施、技术措施、安全措施，经本单位批准后执行。

现场勘察记录就是记录施工（检修）作业中的工作任务是什么，哪些需要停电，是全部停电还是部分停电，停电范围等；记录需要保留的带电部位所在，记录现场作业点的位置，双重编号等；记录作业点地理情况，有无靠近水塘、道路、田地等；记录杆塔情况，是铁塔还是水泥汞杆，高度是多少，基础是否下沉，是否夯实，杆体有无裂纹，拉线是否松动等情况；记录作业中的其他危险点，有无反送电危险，有无触电危险等。勘察结果的记录，应该翔实、具体，语言简单，让班组成员一看就明了。勘察后，根据现场勘察结果，对危险性、复杂性和困难程度较大的作业项目，编制组织措施、技术措施、安全措施三项措施，所以说"三措"的制定要依赖于前期的勘察结果，更加凸显了做好施工检修前的现场勘察是十分重要的。

5.1.2　工作票制度

工作票是准许工作人员在电气设备上作业的书面命令，也是明确安全工作职责，向工作人员进行技术交底，以及履行工作许可手续，工作间断、转移和终结手续，并实施保证安全的技术措施等的书面依据。因此，在对电气设备进行检修工作时，应按工作性质和工作范围填用不同的工作票。

变电工作票制度中涉及五类工作人员，工作票签发人、工作负责人（监护人）、工作许可人、专责监护人和工作班成员，并确定其任职条件和安全职责。

工作票签发人应是熟悉人员技术水平、熟悉设备情况、熟悉电力安全工作规程，并具有相关工作经验的生产领导人、技术人员或经本单位批准的人员。工作票签发人员名单应公布。

工作负责人（监护人）应是具有相关工作经验，熟悉设备情况和电力安全工作规程，经工区（车间）批准的人员。工作负责人还应熟悉工作班成员的工作能力。

工作许可人应是经工区批准的有一定工作经验的运维人员或检修操作人员；用户变、配电站的工作许可人应是持有效证书的高压电气工作人员。

专责监护人应是具有相关工作经验，熟悉设备情况和电力安全工作规程的人员。

工作班成员是检修作业具体执行人，应遵守现场作业有关安全规定，接受工作负责人的指导和监督，保证检修作业安全地进行。

5.1.3　工作许可制度

工作许可制度是落实安全措施，加强安全工作责任感的一项重要制度。工作许可人在检修作业前，对工作内容、安全措施进行核实审查，并逐一落实；在开始检修作业前，还应与工作负责人一道检查工作场所的安全措施，确认布置无误，向工作负责人做安全交底，才允许进行检修作业。

为保证作业安全措施正确无误，并得到切实执行，在办理好工作票后，还需履行工作许可手续，其工作流程见图 5-1。

图 5-1　工作许可流程

工作许可人的安全责任：

（1）负责审查工作票所列安全措施是否正确、完备，是否符合现场条件。

（2）工作现场布置的安全措施是否完善，必要时予以补充。

（3）负责检查检修设备有无突然来电的危险。

（4）对工作票所列内容即使发生很小疑问，也应向工作票签发人询问清楚，必要时应要求作详细补充。

在变电检修施工中，工作许可人在完成施工现场的安全措施后，还应会同工作负责人到现场再次检查所做的安全措施，对具体的设备指明实际的隔离措施，证明检修设备确无电压，然后对工作负责人指明带电设备的位置和注意事项，最后和工作负责人在工作票上分别确认、签名手续后，工作班方可开始工作。

变电站（发电厂）第二种工作票可采取电话许可方式，但应录音，并各自作好记录。采取电话许可的工作票，工作所需安全措施可由工作人员自行布置，工作结束后应汇报工作许可人。

应该指出，工作许可命令是按"工作许可人—工作负责人—工作人员"路径传递，即工作负责人从工作许可人处获得工作许可，而工作人员只能从工作负责人处获得工作许可，任何人不能违反工作许可命令的传递要求。

在作业期间，若需要变更安全措施、工作人员和工作内容，为避免发生混乱酿成事故，应遵守以下规定：

（1）运维人员不得变更有关检修设备的运行接线方式。工作负责人、工作许可人任何一方不得擅自变更安全措施，工作中如有特殊情况需要变更时，应先取得对方的同意并及时恢复。变更情况及时记录在值班日志内。

（2）若要变更工作人员，须经工作负责人同意。工作期间，工作负责人若因故暂时离开工作现场时，应指定能胜任的人员临时代替，离开前应将工作现场交代清楚，并告知工作班成员。原工作负责人返回工作现场时，也应履行同样的交接手续。若工作负责人必须长时间离开工作现场时，应由原工作票签发人变更工作负责人，履行变更手续，并告知全体作业人员及工作许可人，工作许可人将变动情况记录在工作票上。工作负责人允许变更一次。原、现工作负责人应做好必要的交接。变更工作负责人或增加工作任务，如工作票签发人和工作许可人无法当面办理，应通过电话联系，并在工作票登记簿和工作票上注明。

（3）在原工作票的停电及安全措施范围内增加工作任务时，应由工作负责人征得工作票签发人和工作许可人同意，并在工作票上增填工作项目。若需变更或增设安全措施者应填用新的工作票，并重新履行签发许可手续。

5.1.4 工作监护制度

在高压电气设备上进行检修作业，必须执行工作监护制度，这是由电气检修工作性质和工作条件所决定的。在发电厂、变电站进行检修作业时，除检修设备停电外，周围大都是带电或运行中的设备，不能有任何疏忽大意，否则就会造成工作人员的过失而发生事故。因此，执行工作监护制度可使工作人员在作业过程中，得到监护人的指导和监督，及时纠正不安全动作和其他错误做法，避免事故的发生。特别是靠近带电部位的作业及工作转移时，工作监护制度就更为重要。

工作监护人一般由工作负责人担任。工作许可手续完成后，工作负责人、专责监护人应向工作班成员交代工作内容、人员分工、带电部位和现场安全措施，进行危险点告知，并履行确认手续，工作班方可开始工作。工作负责人、专责监护人应始终在工作现场，对工作班人员的安全认真监护，及时纠正不安全的行为。

在作业期间，专责监护人的工作内容是：确认被监护人员和监护范围；工作前，对被监护人员交代监护范围内的安全措施、告知危险点和安全注意事项；监督被监护人员遵守电力安全工作规程和现场安全措施，及时纠正被监护人员的不安全行为。

工作负责人（监护人）既是检修作业的组织者，又是作业安全的指导者和监督人，因此，工作负责人（监护人）应根据工作性质和现场条件，认真履行职责。为对工作人员的人身安全负责，要求工作负责人（监护人）、专责监护人：

（1）发现工作人员有危及安全的动作和行为要立即提出警告并制止，必要时可暂停其工作。

（2）工作负责人（监护人）、专责监护人应始终在工作现场。专责监护人临时离开时，应通知被监护人员停止工作或离开工作现场,待专责监护人回来后方可恢复工作。若专责监护人必须长时间离开工作现场时,应由工作负责人变更专责监护人,履行变更手续,并告知全体被监护人员。

(3)监护人一般不兼任其他工作。只有在确保安全的前提下,才允许一边工作,一边进行监护。

(4)对有危险、施工复杂的作业,工作票签发人和工作负责人应根据工作现场安全条件、作业范围和需要,增设专责监护人,并确定被监护人员人数。专责监护人只对专一地点、专一作业和专门工作人员进行监护,不得兼任其他工作。

(5)所有工作人员(包括工作负责人)不许失去监护单独进入、滞留在高压室、阀厅内和室外高压设备区。

(6)若工作需要(如测量极性、回路导通试验、光纤回路检查等),而且现场设备允许时,可以准许工作班中有实际经验的一个人或几人同时在它室进行工作,但工作负责人应在事前将有关安全注意事项予以详尽的告知。

5.1.5 工作间断、转移和终结制度

电气设备检修作业一般要经历工作间断、工作转移、工作终结三个阶段,为保证作业安全,必须严格遵守工作间断、转移和终结制度的有关规定。

1. 工作间断

工作间断是指因进餐、当日工作时间结束,或室外作业时因天气变化等所发生的作业中断。当工作间断时,工作班人员从现场撤离,所有安全措施保持不变。

对当日的短时工作间断(如进餐),工作票由工作负责人执存;间断后无须得到工作许可人的许可,作业人员就可继续工作。

每日收工,应清扫工作地点,开放已封闭的通道,并电话告知工作许可人。若工作间断后所有安全措施和接线方式保持不变,工作票可由工作负责人执存。次日复工时,工作负责人应电

话告知工作许可人，并重新认真检查确认安全措施是否符合工作票要求。间断后继续工作，若无工作负责人或专责监护人带领，作业人员不得进入工作地点。

在未办理工作票终结手续前，任何人员不准将停电设备合闸送电。在工作间断期间，若有紧急需要，运维人员可在工作票未交回的情况下合闸送电，但应确切知道工作人员已撤离现场，并通知工作负责人和其他有关人员，征得同意后方可拆除临时安全措施，恢复常设遮拦，换挂"止步，高压危险"的标示牌，在得到工作班全体人员已经离开工作地点、可以送电的答复，然后合闸送电。并派专人在所有道路守候，以便告诉工作班人员设备已合闸送电，不得继续作业。守候人员在工作票未交回以前，不得离开守候地点。

2. 工作转移

在同一厂、站，作业人员从一个工作地点转移到另一地点进行作业，称为工作转移。

在同一电气连接部分用同一张工作票依次在几个工作地点转移工作时，由于安全措施是工作许可人在作业前一次全部做完的，在上述工作转移时不需办理转移手续；但工作负责人在转移工作地点时，应向工作人员交代作业范围、带电设备位置、安全措施和其他注意事项。

若非上述情况，则要办理工作转移手续，在新工作地点作业开始前要履行工作许可手续。

3. 工作终结

在作业全部结束后，工作人员应清扫、整理现场。工作负责人应先作周密检查，确认无问题后带领工作人员撤离现场，然后向运行值班人员讲清工作完成情况、发现的问题、试验结果和存在问题等。最后与运行值班人员一道检查设备状况，现场清理情况，确认正常后填写工作结束时间和双方签名，工作票方告终结。

已终结的工作票应保存 12 个月，以备检查和进行交流。

5.2　变　电　工　作　票

按《电力安全工作规程》中的规定，事故抢修、紧急缺陷处理等可填用事故紧急抢修单，可按口头或电话命令进行，但值班员应做好记录并应录音。对计划内的变电作业，一般均应按要求填用变电工作票。变电工作票是书面形式的作业命令，按作业特点及安全措施分类，有固定的填用范围和格式，包括填写需要检修或试验的设备名称和编号（设备的双重名称），以及工作内容、工作地点和安全措施等。

5.2.1　变电工作票的分类

变电工作票的填用范围按作业性质、特点分类，第一种工作票适用需要高压设备全部停电或部分停电的电气作业；第二种工作票适用于高压设备无需停电或带电工作的电气作业。

《电力安全工作规程》中明确规定：在发电厂和变电站高压设备上工作，需要全部停电或部分停电；在高压室内的二次接线和照明等回路上的工作，需要将高压设备停电或做安全措施者；高压电力电缆需停电的工作等，应填用变电站（发电厂）第一种工作票。

在控制盘和低压配电盘、配电箱，电源干线上的工作；在二次系统和照明等回路上的工作，而无须将高压设备停电或做安全措施者；转动中的发电机、同期调相机的励磁回路或高压电动机转子电阻回路上的工作；非运维人员用绝缘棒、核相器和电压互感器定相或用钳形电流表测量高压回路的电流；大于设备不停电时的安全距离的相关场所和带电设备外壳上的工作以及无可能触及带电设备导电部分的工作；高压电力电缆不需停电的工作等，应填用变电站（发电厂）第二种工作票。

带电作业或与邻近带电设备距离满足安全距离规定的作业应填用带电作业工作票。

如遇事故紧急或设备需要抢修，需要快速进入现场作业，也必须填用工作票或者事故紧急抢修单。非连续进行的事故修复工作，应使用工作票。

运维人员实施不需要高压设备停电或做安全措施的变电运维一体化业务项目时，可不使用工作票，但应以书面形式记录相应的操作和工作内容等。

各单位应明确发布所实施的变电运维一体化业务项目及所采取的书面记录形式。

5.2.2 变电工作票的填用要求

变电工作票一般由工作负责人填写，一式两份。变电工作票应用黑色或蓝色的钢（水）笔或圆珠笔填写，要求字迹清楚，个别错别字、漏字要修改时，要对两份工作票作同样修改。

变电工作票的主要内容包括：作业任务，包括地点、内容和作业范围；工作负责人和工作人员；计划作业开始时间和终结时间；作业安全措施。

第一种变电工作票应在作业前一日交运行值班人员，使其有充足的时间进行审核安全措施是否完备。第二种变电工作票可在工作当天预先交运行值班人员。一份工作票应保存在工作地点，由工作负责人收执，作为进行作业的依据。另一份工作票由工作许可人收执，按值移交。工作许可人应将工作票的编号、工作任务、许可及终结时间记入登记簿。

一个工作负责人不能同时执行多张工作票，即一个工作负责人手中只能有一张工作票，避免工作负责人对作业内容，工作地点、工作时间发生混乱造成事故。

变电工作票作业范围以一个电气连接部分为限。所谓一个电气连接部分，主要系指电气装置中，能用隔离开关与其他电气部分分隔开的部分。如断路器可用两侧的隔离开关与其他电气部分分开，由断路器和电流互感器组成的同一电气回路就称为一个电气连接部分。在这样的电气连接部分两侧可施以适当的安全措施，如接地，可防止其他电源串入该电气连接部分，保证作业时工作人员的人身安全。

若以下设备同时停、送电，可使用同一张工作票：

（1）属于同一电压等级、位于同一平面场所，工作中不会触及带电导体的几个电气连接部分。如母线停电，对同一母线上的几个馈线间隔进行检修，可用同一张工作票；若母线不停电，则几个馈线间隔要分别开具工作票。

（2）一台变压器停电检修，其断路器（开关）也配合检修。

（3）全站停电。

5.2.3 变电工作票执行程序

变电工作票制度是保证作业安全的重要措施，从签发工作票开始一直到工作票终结，都有严格的执行程序。

（1）填写工作票。工作票签发人根据工作需要和现场实际情况填写工作票，填写时和填写后均应对照模拟图或接线图作一次核对，认为正确无误后，在工作票签发人处签名。也可由工作负责人填写工作票，但填写后应交签发人核对审查后，由工作票签发人签发。工作票签发人不得担任工作负责人，工作负责人不能签发工作票。

（2）接收工作票。变电工作票（一式两份），应在开工前一天交与运维人员和工作负责人，有些单位工作票须先经运维相关人员再次审核，确认无误后再交给工作负责人。对临时性工作，可以在停电前送到运行现场。

收到工作票后，应对工作票全部内容做仔细检查，特别是安全措施是否符合现场实际情况，是否正确和完备，停电设备有无突然来电的危险，要认真核对。若在审查中发现问题，应向工作票签发人询问清楚，如工作票确有问题，需要重新填写、签发。

（3）布置安全措施。运行值班员根据调控人员或运行值班负责人的命令和工作票上所列安全措施的要求，另行开具倒闸操作票，进行倒闸操作和布置安全措施。

（4）工作许可。工作负责人在开工前到现场联系办理工作许可手续。工作许可人和工作负责人各执一票（工作票一式两份），共同到设备现场，工作许可人向工作负责人详细交代现场安全措施布置情况和安全注意事项，比如：当邻近设备带电时，应向工作负责人交代带电部位。工作负责人应认真对照检查，认为满足安全工作的要求时，将所持一份工作票交工作许可人，由工作许可人在一式两份票上填写许可工作的时间并签名，然后工作负责人也一式两份签名。双方签名后，工作许可人将一份工作票交还给工作负责人。

（5）工作开工。工作负责人持许可的一份工作票，随身携带作为许可开工凭证，并带领工作班全体成员进入现场。在现场，工作负责人应将作业内容、分工情况，安全措施布置情况，带电部位以及安全注意事项向全体人员进行交代，全体人员均确认无问题并签名确认无误后，由工作负责人员下达开工命令，在未得到工作负责人的开工命令前，任何人不得开始进行工作。

（6）工作延期。由于某些原因，工作负责人对所担任的工作确认不能在批准的期限完成时，应在批准的期限前申请办理延期手续。

（7）工作票终结。工作完毕后，工作人员应清扫，整理现场。工作负责人应进行周密检查，经检查无问题后所有全体工作成员撤离工作地点。工作负责人持工作票向工作许可人申请验收，并向工作许可人交代所检修项目，发现的问题，试验结果和存在问题。工作许可人携带工作票会同工作负责人共同去现场核对检查，无问题时办理工作终结手续。工作许可人将一式两份的工作票填上终结时间，双方签字后，工作许可人向工作票签发人或运维调控人员汇报检修完成情况及问题，工作票签发人或运维调控人员认为无问题后，工作票方告终结。

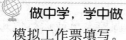
做中学，学中做

模拟工作票填写。

5.3　作业安全技术措施

在发电厂、变电站的电气设备上进行检修、试验等作业时，为保证工作人员安全和设备安全，一般在停电状态下进行。按《电力安全工作规程》规定，在全部停电或部分停电的设备上工作时，必须完成"停电；验电；装设接地线；悬挂标示牌和装设遮拦"安全技术措施（上述措施由运维人员或有权执行操作的人员执行）。危险点分析和预控技术，已经普遍应用于检修作业中，针对具体的作业内容与工作环境，查找危险点，制定预定方案。作业安全技术措施的基本思想是：动用一切可能手段，尽量减少工作人员的差错；在工作人员出现过失时，尽量避免单一错误就会对人身造成伤害的情况。

【案例 5-2】　1995 年 3 月 16 日，某供电公司 110kV 变电站停电进行预防性试验。该站的 35kV 系统是双母线带旁路接线方式，当天由邻近变电站通过一条 35kV 线路反送电给该站作站用电源。所以当天该站 110kV 部分和主变压器虽已停电，但 35kV 系统的 322-5 和 332-3 两个隔离开关还是带电的。当值长和一位值班员正在填写 35kV 3 号母线封地线的操作票时，另一名值班员却擅自拿了接地线爬到 332-3 隔离开关上，没有验电即直接挂接地线，当即触电，造成严重烧伤。

5.3.1　停电

在检修作业中，除检修设备需要停电外，还需将工作现场不满足安全距离要求的设备停电，防止作业过程中发生意外而导致工作人员触电。这些需要停电的设备在《电力安全工作规程》中有明确规定：①与工作人员在进行工作中正常活动范围的距离小于表 5-1 规定的工作人员工作中正常活动范围与带电设备的安全距离（m）的设备；②在 35kV 及以下的设备上进行工作，与工作人员在进行工作中正常活动范围的距离虽大于工作人员工作中正常活动范围与带电设备的安全距离规定，但小于设备不停电时的安全距离规定，同时又无安全遮拦措施的设备；③带电部分在工作人员后面、两侧或上下无可靠安全措施的设备；④其他需要停电的设备。

表 5-1　　工作人员工作中正常活动范围设备带电部分安全距离及设备不停电安全距离

电压等级（kV）	工作人员工作中正常活动范围与带电设备的安全距离（m）	设备不停电时的安全距离（m）
10 及以下	0.35	0.70
20～35	0.60	1.00
60～110	1.50	1.50
220	3.00	3.00
330	4.00	4.00
500	5.00	5.00

将检修设备停电，必须把各方面的电源完全断开（任何运行中的星形接线设备的中性点，必须视为带电设备），并要求可靠地隔离电源。因此，检修设备必须拉开与各方面的电源相连的隔离开关，使各方面至少有一个明显的断开点，若无法观察到停电设备的断开点，应有能够反映设备运行状态的电气和机械等指示。禁止在只经断路器断开电源的设备上进行检修作业。为避免可能因误操作或因试验等而引起误合闸，还必须断开断路器和远方操作隔离开关的操作电源，并将隔离开关操作把手锁住。

对与检修设备有关的变压器、电压互感器，为防止误合闸时低压电源经变压器、电压互感器向检修设备反送电，必须将高、低压两侧开关都断开或取下熔断器。

对难以做到与电源完全断开的检修设备，可以拆除设备与电源之间的电气连接。

对星形连接设备的中性点，如变压器和中性点经配电变压器接地的发电机，还要拉开中性点接地开关，防止相邻中性点接地运行的变压器或发电机因三相不对称，尤其是在电网发生单相接地短路时，零序电流经过变压器中性点引起电位升高，使在检修中的变压器或发电机带电。

如图 5-2 电气主接线图所示，检修线路断路器 QF1 时，拉开 QF1 后，将 QF1 两侧的隔离开关 QS1、QS2 拉开，并断开上述开关设备的操作电源和锁住操作把手。拉开两侧隔离开关，使 QF1 隔离电源，且两侧都有一个明显的断开点；断开操作电源和锁住操作把

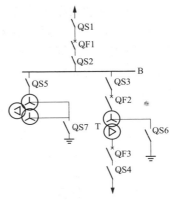

图 5-2　电气主接线图

手，是防止工作人员出现单一过失，发生误合隔离开关，由于已断开操作电源，开关不能合闸，工作地点也不会因误操作来电。

检修变压器 T 时，将变压器两侧的断路器 QF2、QF3 和隔离开关 QS3、QS4 拉开，并将中性点接地开关 QS6 也拉开，同样也要断开操作电源和锁住操作把手。

检修母线 B 时，将连接该母线的所有断路器和隔离开关拉开，并将停用的变压器、电压互感器低压侧开关拉开或取下熔断器，同样也要断开操作电源和锁住操作把手。断开停用的变压器、电压互感器低压侧开关或取下熔断器，是防止可能发生的误操作使工作地点带电，如误合隔离开关，由于电压互感器低压侧已断开，实现"双重保险"，可有效地防止电源经电压互感器由低压侧向检修母线反送电。

5.3.2　验电

检修设备停电后，在装设接地线或合接地开关之前必须用合格的验电器验电（不能以设备的带电指示器或电压表的指示作为有无电压的依据，但带电指示器或电压表的指示有电压则可认为设备带电），以确保停电设备无电压，防止发生带电装设接地线或合接地开关等恶性事故。

验电必须使用电压等级合适，且在有效使用期内的验电器。如对高压设备验电，应使用高压验电棒，对低压设备验电，应使用试电笔或白炽灯等，且均不能超过验电器的有效使用期限。为检验验电器是否完好，验电前先在有电的设备上进行检验，确认良好方可使用。

对无法进行直接验电的设备、高压直流输电设备和雨雪天气时的户外设备，可以进行间接验电。即通过设备的机械指示位置、电气指示、带电显示装置、仪表及各种遥测、遥信等信号的变化来判断。判断时，至少应有两个非同样原理或非同源的指示发生对应变化，且所有这些确定的指示均已同时发生对应变化，才能确认该设备已无电。以上检查项目应填写在操作票中作为检查项。检查中若发现其他任何信号有异常，均应停止操作，查明原因。若进行遥控操作，可采用上述的间接方法或其他可靠地方法进行间接验电。

330kV及以上的电气设备，可采用间接验电方法进行验电。

高压设备验电必须戴绝缘手套，穿着绝缘鞋，正确握持验电棒（握手处不能超出护环），以正确姿势进行验电（逐渐靠近需验电设备）。如果在木杆、木梯或架构上验电，不接地线不能指示有无电压时，经值班负责人许可，可以在验电器上接地线。

对检修设备进出线各侧每一相都应分别验电。

5.3.3 装设接地线

装设接地线的目的是在工作地点意外来电时，保护工作人员的人身安全，并将停电检修设备的剩余电荷放尽。接地线的安全保护原理可由以下示例说明。

设接地线长10m，阻抗值为0.004Ω，人体电阻取1500Ω；计及最严重情况，人接触到接地线连接处；误合闸短路电流取20kA。

接地线连接处残压为$20\times10^3\times0.004=80$（V）

流经人体的电流为$80/1500=53$（mA）

由经验公式可知，在短路电流持续时间小于 3s 时，可保证人体不受到伤害。

因此，对可能送电至检修设备的各方面或检修设备可能产生感应电压的都要装设接地线，以保护人身安全。如图 5-2 在检修断路器 QF1 时，断路器两侧都要装设接地线；检修变压器 T 时，变压器高、低压侧都要装设接地线。在检修母线时，对长度在 10m 及以下的母线，可只装设一组接地线；对长度大于 10m 的母线，视可能来电方向和有无感应电压装设多组接地线。检修部分若分为几个在电气上不相连的部分，如图 5-2 中同时检修变压器 T 和变压器两侧断路器，在拆除变压器与断路器之间连接导线后，分为三个电气不相连的部分，则每部分都要装设接地线。又如分段母线经分段开关分为几段时，则每段母线都应分别装设接地线。

在验明停电设备确无电压后，为防止在较长的时间间隔中，发生停电设备突然来电的意外情况，应立即将检修设备接地并三相短路。

接地线应采用多股软裸铜线，其截面应符合短路电流热稳定要求和机械强度要求，不得小于 $25mm^2$。接地线必须使用专用线夹将其固定在导线上，严禁用缠绕方式连接，保证接地线的接触良好。接地线的接地点与检修设备之间不得连有开关电器和熔断器，以防止接地线被意外断开。

安装接地线必须由两人进行，一人操作，另一人监护；无人监护时，只允许操作接地开关接地。安装接地线要戴绝缘手套，按先接接地端，后接设备端进行；拆除时顺序相反。在安装接地线时，要避免设备的残余电荷对人体造成电击，对电容量较大的设备，如电容器、电缆等，要充分放电后再安装接地线。

5.3.4　悬挂标示牌和装设遮拦

在作业现场悬挂标示牌和装设遮拦，可以提醒工作人员减少差错，限制工作人员的活动范围，防止接近或触及带电设备造成人体触电，是保证作业安全的重要措施之一。所以，在拉开检修设备电源后，应立即在作业现场悬挂标示牌和装设遮拦，然后执行其他措施和操作。

应悬挂标示牌和装设遮拦的地点有：

（1）在一经合闸即可送电至工作地点或线路的断路器和隔离开关的操作把手上，应悬挂"禁止合闸，有人工作！"或"禁止合闸，线路有人工作！"的标示牌。对由于设备原因，接地开关与检修设备之间连有断路器，在接地开关和断路器合上后，在断路器操作把手上，应悬挂"禁止分闸！"的标示牌。标示牌的悬挂和拆除应按调度命令执行。

（2）部分停电工作，当安全距离小于表 5-1（设备不停电时的安全距离）规定的带电设备，应装设临时遮拦。临时遮拦可用干燥木材、橡胶或其他坚韧绝缘材料制成，装设牢固，与带电部分的距离不得小于表 5-1（工作人员工作中正常活动范围与带电设备的安全距离）的规定值，并悬挂"止步，高压危险！"的标示牌。对 35kV 及以下设备的临时遮拦，若因工作需要，如工作人员需进入高压开关柜进行作业，而出线隔离开关线路侧带电，设置常规临时遮拦又影响工作时，可用绝缘挡板与带电部位直接接触作为临时遮拦。

（3）在室内高压设备上工作，应在工作地点两旁间隔和对面间隔的遮拦上和禁止通行的过道上悬挂"止步，高压危险！"的标示牌，以防止工作人员误入有电设备间隔及其附近。

（4）在室外地面高压设备上工作，应在工作地点四周用绳子做好围拦，其出入口要围到邻近道路旁边，并设有"从此进出！"的标示牌，工作地点四周围拦上悬挂适当数量的"止步，高压危险！"的标示牌，标示牌必须朝向围拦里面。

（5）在室外架构上工作，应在工作地点附近带电部分的横梁上悬挂"止步，高压危险！"的标示牌。在工作人员上下的铁架和梯子上悬挂"从此上下！"的标示牌。在邻近其他可能误登的带电架构，悬挂"禁止攀登，高压危险！"的标示牌。

（6）在工作地点悬挂"在此工作！"的标示牌。

以上按要求悬挂的标示牌和装设的遮拦，严禁工作人员在工作中移动和拆除。

5.3.5　检修作业危险点分析及预控措施

在检修作业中属于安全技术措施方面的危险点及预控措施有：

（1）擅自移动检修作业现场的安全措施，如在工作中未经许可移动围拦、除下标示牌、更改接地线位置等，容易导致误入带电间隔引起人身事故。这种现象多在临时增加工作项目、更改作业内容时发生，作业人员应严格遵守工作规程，相互关心作业安全；监护人要认真履行职责；电气值班人员也要注意按章执行工作许可制度。

（2）检修作业现场对防止感应电的安全措施不齐全，尤其是在超高压场地进行检修作业时更需要加强这方面的安全措施。如对可能产生感应电的设备，必须增加保安接地线，并做好记录，工作结束时立即拆除。

（3）检修时使用电动工具外壳未接地，移动电动工具未切断电源，电源或电源线不符合安全要求。应教育作业人员养成良好的工作习惯，使用电动工具前应检查其安全性能，如电源应有漏电保护、电源线无重物碾压或油污侵蚀、工具外壳有接地线等；监护人在使用电动工具前也应检查，并注意作业人员使用电动工具的行为。

（4）登高作业未挂安全带、未戴安全帽，梯子使用不当等。不按《电力安全工作规程》要求使用安全器具，贪图方便、疏忽大意，对这些习惯性违章行为，除了加强教育外，还应该加大安全考核力度。监护人也应加强责任心，对不安全行为及时制止、纠正。

【案例5-3】　1991年10月8日，在陕西省某110kV变电站停电检修工作结束后，进行设备验收时，该变电站站长武××发现110kV某TV绝缘子未清扫而要求检修人员重新清扫，但被检修负责人拒绝而发生争执。在此情况下，武××未填用工作票即情绪激动地带领两名当值值班员去清扫该设备。当武××不戴安全帽，不系安全带，用竹梯攀登该 TV 构架时，刚上构架即一脚踏空，从 2.7m 高处坠落，后脑撞击地面，当场死亡。

5.4　主要电气设备检修安全技术

在对电气设备进行检修作业前，要了解设备的技术参数、结构特征、缺陷记录和系统运行方式，确定作业的内容、范围、时间和制定作业安全措施。在发电厂、变电站进行电气检修作业，按《电力安全工作规程》的规定，高压设备停电检修作业应填用第一种电气工作票，工作负责人应根据设备特点和作业具体要求，对检修作业安全进行组织、实施。电气设备检修还涉及一些非电气工作内容，如设备吊装、油务、焊接等，所以在检修作业中，还应遵守设备检修现场工作规程和相关注意事项，保证工作人员的人身安全和设备安全。

5.4.1　发电机检修作业安全措施

发电机检修作业要严格遵守现场工作规程，在作业前编制好检修作业技术措施。对检修作业中最重要的工作，如抽装转子、定子内膛作业、氢冷发电机冷却系统检修等，认真做好安全措施，防止造成对发电机的损伤导致设备事故。

（1）发电机大修抽装转子不能发生定、转子相擦、碰撞，在抽装过程中，应保持转子处于水平位置（对卧轴式发电机），与定子始终保持有一定间隙，以免损坏定、转子铁芯。在整个起吊过程中，轴颈、风扇、护环、引出线不能与钢丝绳发生摩擦、碰撞、受力等情况，套钢丝绳处要加木板或胶皮垫护。抽出转子要平稳放置在 V 型槽支架或枕木上；重要部位，如绕组端部，要加特殊防护；不工作时应用篷布遮盖，以防损伤和脏污。

（2）在定子内膛作业时，要注意对定子铁芯、绕组的防护，铺上橡皮垫，工作人员要穿着专用工作服和工作鞋，严禁直接踩踏在绕组上。禁止携带小刀、打火机、硬币、钢笔等细小物品进入定子内膛；使用的工具必须进行登记，小工具应放在专用的工具箱内或用白布条拴牢，收工时要清点工具，以免这些物品遗留在定子内部造成重大设备事故。需要照明时应使用安全照明灯具，电压必须在 36V 以下。

（3）氢冷发电机要注意通风换气，工作现场应禁止吸烟。在氢气区需明火作业时，应预先做好防火防爆安全措施，防止引起氢气爆炸。

5.4.2 变压器吊芯检修安全措施

当变压器油箱内部存在异常情况，往往需要进行吊芯检查或修理。变压器吊芯就是将变压器铁芯从油箱内吊出，或是将变压器钟罩吊开露出铁芯。现代大中容量变压器多是后一种结构。变压器吊芯检修，包括按变压器的技术标准，对各部件进行检查、测量、试验，以及清洗和缺陷处理。

（1）吊芯检修前要编制技术措施，严密组织，确定指挥员、工作人员及各自职责。注意起重安全，起吊前仔细检查起重器具，包括钢丝绳、挂钩、起重机。起吊时要注意钢丝绳与铅垂线的夹角不得大于 3000；起吊过程要平稳，钟罩四角要加攀线，要有人监视，防止钟罩与铁芯或绕组发生碰撞，损伤铁芯和绕组。吊开的钟罩要平稳地放置在枕木上；若不放置在地面，可在变压器铁芯夹铁上铺枕木作临时支承，同时不得摘去挂钩。

（2）工作现场要设置警戒线，非工作人员一律不准进入。工作人员要穿着专用工作服和工作鞋，戴安全帽。进入油箱内工作类似于在发电机定子内膛工作，对着装、携带物品、使用工具有同样的要求。

（3）由于变压器油是易燃物品，工作现场要配置足够的消防器材，如二氧化碳灭火筒、砂子等。

（4）吊芯检修前应注意与气象部门联系，选择晴天、无风或微风、气温高于 0℃，相对湿度不大于 75％的天气进行，以防止变压器落入灰尘和受潮。

5.4.3　断路器检修作业注意事项

在室内检修断路器时，若与附近的带电设备距离较近，或相邻运行中的断路器故障可能伤及作业人员，应增设临时遮拦。临时遮拦可用干燥木材、橡胶或其他坚韧绝缘材料制成，装设牢固。

在室外需搭脚手架进行检修作业时，脚手架要搭牢，板要铺好，防止工作人员高空跌落受伤。要使用专用爬梯，架牢、防滑。工作人员要戴安全帽，防止高空落物伤人。

少油断路器检修要注意变压器油的品质，注油量，防止因变压器油的问题影响检修质量。安装时要注意排气口的朝向，防止断路器故障时排气口向邻相喷油导致相间短路。

SF_6 断路器检修要防止发生工作人员中毒事故。进入 SF_6 配电装置低位区和电缆沟进行工作，要先检测含氧量（不低于 18％）。断路器解体检修前要对 SF_6 气体进行检验，作业人员应穿着防护服，根据需要戴防毒面具；并对 SF_6 气体进行回收。打开设备封盖后，工作人员应暂时撤离现场 30min。取出吸附剂和清扫粉尘时，要戴防毒面具和防护手套。设备解体后用氮气对断路器进行清洗。在室内检修时要注意通风换气，工作现场要布置 SF_6 气体泄漏警报仪。重新安装时要注意对吸附剂的清洗或更换，SF_6 气体充气压力和泄漏，SF_6 气体的水分检测和干燥处理。

真空断路器检修要注意触头磨损情况的检测，磨损严重的要及时更换真空包，保证真空断路器有足够的开断能力。

5.4.4　母线检修作业注意事项

在室内母线（额定电压不超过 35kV）检修作业时，对安全距离小于表 5-1 规定的带电设备，如出线隔离开关、出线电缆头，应装设临时遮拦。临时遮拦可用合适绝缘板，直接与带电部位隔离。

电气触头的接触面要清理干净，按要求进行防氧化处理，如搪锡、涂凡士林油、导电膏等。

在室外母线检修作业时，按高空作业要求进行，谨防高空落物伤人。工作人员要戴安全帽，高空作业要系好安全带，无关人员不得进入工作现场。

电气接头、线夹的接触面要清理干净，软母线要防松股。

5.4.5 电缆检修作业注意事项

电缆检修作业前要认真核对电缆位置，尤其是多根电缆并列敷设的场所，应准确查明需检修的电缆。

需要使用喷灯作业，应注意防火要求。使用喷灯前应做检查，不得有漏气、漏油现象；加油和放气应将喷灯熄灭，远离明火地点，油面不得超过容积的 3/4；火焰与带电部分的距离不得小于下列数值：

（1）电压在 10kV 及以下者，不得小于 1.5m。

（2）电压在 10kV 以上者，不得小于 3m。

在电缆沟、井内工作时，要注意防止工作人员中毒。进入电缆沟、井作业前，要先进行通风排除浊气，再用气体检测仪检查电缆沟、井内的易燃易爆及有毒气体的含量是否超标，并做好记录，测试合格后方可进入电缆沟、井作业。电缆井开启后应设置标准围拦围起，并有专人看守。

开挖出的电缆接头盒要注意不能受到拉力，以免造成内部损伤。电缆头制作时对工作人员着装和工作环境也要给予重视，如包电缆头时要戴专用手套，在灰尘多和湿度大的场所设置帐篷等。

5.4.6 互感器检修作业注意事项

停用电压互感器前，要注意可能对二次设备，尤其是继电保护装置的影响。如可能影响到继电保护和自动装置的动作正确性，应按规定进行转换后才能停用电压互感器。

室外油浸式互感器要注意防潮；对带吸湿器的互感器，要注意更换已变色的干燥剂；防雨帽要安装正确、牢固；二次线端子绝缘良好，端子箱应能可靠地防雨雪飘入。

5.4.7 低压配电系统检修安全技术

在低压配电盘、配电箱和电源干线上进行检修作业，因低压配电盘、配电箱是多个回路共用，电源干线往往连接多路电源，按《电力安全工作规程》的规定，应填用第二种电气工作票。在低压电动机和照明线路上工作，可按口头或电话命令进行，按规定应将发令人、负责人及工作任务详细记入操作记录簿中。为保证发生触电能及时脱离电源和进行抢救，上述检修作业都不允许单人进行，但可以两人一起工作。

1. 停电作业安全措施

在低压配电盘、配电箱和电源干线上进行检修作业，一般应停电进行。为防止发生人体触电事故，应做好以下安全措施：

将检修设备的各方面电源断开，取下熔断器（或断开低压断路器和拉开闸刀开关），并在开关和闸刀开关的操作把手上悬挂"禁止合闸，有人工作"的标示牌；断开开关的操作电源；在闸刀口加装绝缘隔板，防止闸刀自行掉落；检修电源线路时，验电后应将其三相短路；在配电盘内工作时，若周围设备仍在运行，可将检修设备与带电设备用绝缘隔板或绝缘布隔离。

2. 带电作业安全措施

对某些不允许停电的设备进行缺陷处理，应做好带电作业安全措施：

带电作业时，应在监护下进行；为防止发生相间触电，应将各相裸露的导体用绝缘板隔开或包上绝缘布；检修作业所使用的工具要有绝缘把手；工作人员应注意着装要求，戴绝缘手套、穿绝缘鞋、穿工作服、戴安全帽。

3. 检修作业注意事项

检修作业完成后的恢复操作，为防止合闸在故障电路上产生弧光对工作人员造成伤害，操作时要戴手套和护目镜，着长袖工作服并扣好衣扣。

更换熔丝不能随意更改熔丝的规格，严禁用钢丝、铁丝或其他金属丝代替，保证更换后的熔丝符合保护配合要求。

发现低压回路有漏电现象，经验电器检查后确认存在漏电，要用绝缘胶布加包。在加包绝缘时，工作人员应穿着绝缘鞋或站在绝缘垫上工作，并有人监护。

第 6 章

电气试验与测量工作安全技术

电气试验与测量是在电气系统、电气设备投入使用前，为判定其有无安装或制造方面的质量问题，以确定新安装的或运行中的电气设备是否能够正常投入运行，而对电气系统中各电气设备单体的绝缘性能、电气特性及机械特性等，按照标准、规程、规范中的有关规定逐项进行试验和验证。通过这些试验和验证，可以及时地发现并排除电气设备在制造和安装时的缺陷、错误和质量问题，确保电气系统和电气设备能够安全投入运行。

本章介绍电力生产过程中经常进行的几种电气试验与测量工作的安全注意事项。

职业岗位群应知应会目标：

(1) 了解电气试验的分类；

(2) 掌握电气试验的安全技术措施；

(3) 了解绝缘电阻表测量绝缘电阻的注意安全事项；

(4) 了解携带型仪器进行高压测量的注意安全事项；

(5) 了解使用钳形电流表测量的注意安全事项；

(6) 熟悉高压试验发生触电事故的原因；

(7) 掌握防止发生高压试验触电事故的措施。

6.1 电气试验的分类及其有关安全技术措施

电力系统中，常常由于设备存在缺陷而引起故障，以至造成停电事故，尤其是若发生绝缘击穿，将设备烧坏，就会造成影响面大、停电时间长的事故。为尽量避免此类事故的发生，就必须要对电气设备进行试验来发现其缺陷。

设备缺陷的形成原因主要有以下两方面：

（1）设备在制造或检修过程中，由于工艺不良或其他原因而留下潜伏性的缺陷。

（2）设备在长期运行中，由于工作电压、过电压、大气中潮湿、温度、机械力、化学等的作用，而使设备潜伏性缺陷不断扩大或使具有正常绝缘的设备绝缘逐渐老化、变质，性能下降而形成缺陷。

绝缘缺陷通常分为集中性缺陷和分布性缺陷。

集中性缺陷有悬式绝缘子的瓷质开裂、电缆局部有气隙、在工作电压作用下发生局部放电逐步损坏绝缘等。

分布性缺陷即电气设备整体绝缘下降，如变压器进水受潮、高压套管中的有机绝缘材料老化等。

绝缘缺陷的存在和发展，往往会在工作电压或一般操作电压的作用下，引起绝缘击穿事故。不仅使设备烧损，有时还可能造成大面积停电，影响工农业生产，给国民经济造成巨大的损失。

为了保证系统运行的安全，防止设备损坏事故的发生，使运行中设备和大修后以及新投入的设备具有一定的绝缘水平和良好的性能，对电气设备进行一系列的电气试验是非常必要的。

6.1.1 电气设备试验的分类

电气设备试验按其作用和要求，可分为绝缘试验和特性试验两类。

（1）绝缘试验。

变电站的高压设备在运行中的可靠性基本上取决于其绝缘的可靠性，而判断和监督绝缘最可靠的手段是绝缘试验。试验又可分为非破坏性试验和破坏性试验。

1）非破坏性试验是指在较低的电压下或用其他不会损伤绝缘的办法来测量绝缘的某些特性及其变化情况，来判断制造和运行中出现的绝缘缺陷，如绝缘电阻、介质损耗、局部放电、电压分布、色谱分析、超声波探测等试验。实践证明，非破坏性试验对绝缘的判断是有效的，但由于所加试验电压相对来说是较低的，有些绝缘缺陷还不能充分暴露出来。目前各种非破坏性试验的测试量与绝缘耐电强度之间还没有确切的定量关系，但根据多种非破性试验结果并参考过去的试验数据是可以较为确切地判断绝缘缺陷的。

近几年来，非破坏性试验在带电测量（或称在线监测），远红外测温等在现场已得到广泛应用。这对于综合判断设备的运行状况，及时发现绝缘缺陷非常有利，可以提高综合判断的可靠性。

2）破坏性试验也叫耐压试验。它是模仿设备的绝缘在运行中实际可能出现危险过电压的状况，来对绝缘施加与之等值的高电压进行的试验。这类试验对设备绝缘的考验是严格的，发现绝缘缺陷是最有效的，特别是对那些危险性较大的集中性的缺陷，通过试验能保证被试设备具有一定的绝缘水平或裕度，但在试验过程中却有可能损坏设备的绝缘，因而称之为破坏性试验。为尽可能避免在试验过程中损坏设备，常在耐压试验之前先进行一系列的非破坏性试验作初步判断，如绝缘存在问题应先查明原因并加以消除后再进行耐压试验。

（2）特性试验。

通常把绝缘以外的试验统称为特性试验。这类试验主要是对电气设备的导电性能、电压或机械方面的某些特性进行测量（如变压器绕组的直流电阻测量、变比试验、连接组别试验以及断路器的接触电阻、分合闸时间及速变特性试验等）。

上述两类试验的目的就是通过试验来发现运行中或新投入的设备在绝缘和特性方面存在的某些问题。但各种试验又都具有一定的局限性，因此，试验人员应根据试验结果，结合出厂和历年试验数据进行纵向比较，并且与同类型设备试验数据及有关标准进行横向比较，经综合分析比较来发现设备的绝缘缺陷或薄弱环节以及其他损伤，为设备检修提供可靠的依据。

6.1.2　电气试验工作的安全技术措施

交接试验或预防性试验，一般都在变电所现场进行，被试设备的周围常有带电运行的高压设备，并且在试验中还要对被试设备施加交、直流高压，因此，为了确保人身安全和设备的正常运行，应在做好完备的安全措施后，才能开展试验工作。

试验工作中的安全措施如下：

（1）现场工作必须执行工作票制度；工作许可制度；工作监护制度；工作间断、转移和终结制度。

（2）试验现场应装设遮拦或围拦，悬挂"止步，高压危险！"的标示牌，并派专人看守，被试设备两端不在同一地点时（例如电力电缆试验），另一端还应派人看守。

（3）高压试验工作不得少于两人，试验负责人应由有经验的人员担任，开始试验前，负责人应对全体试验人员详细地说明在试验中应注意的安全事项。

（4）因试验需要断开电气设备接头时，拆前应做好标记，恢复连接后应进行检查。

（5）试验器具的金属外壳应可靠接地，高压引线应尽量缩短，必要时用绝缘物将引线支持牢固。为了在试验时确保高电压回路的任何部分不会对接地体放电，高压回路与接地体（如墙壁、金属围拦、接地线等）的距离必须有足够的裕度。

（6）试验装置的电源开关，应使用具有明显断开点的双极隔离开关，并保证有两个串联断开点和可靠的过载保护装置。

（7）加电压前必须认真检查接线、表计量程，确信调压器在零位及仪表的开始状态均正确无误后，通知有关人员离开被试设备，并取得试验负责人许可，方可加压。加压过程中应有人监护并呼唱。高压试验人员在加压过程中，注意力应高度集中，随时注意防止异常情况的发生，操作人员应站在绝缘垫上。

（8）变更接线或试验结束时应首先将调压器回零，然后断开电源，放电，并将高压输出端接地。

（9）对没有进行短路接地放电的大电容量试品，应先行放电，再做试验。高压直流试验时，每告一段落或试验结束后，应将试品对地放电数次并短路接地后方可接触。

（10）试验结束时，试验人员应拆除自装的接地线，并对被试设备进行检查和清理现场。

（11）在专门高压试验室进行试验时，高压室中应设置金属屏蔽网围拦，围拦不仅要有机械联锁，还要有电气联锁，并设有红色信号灯和挂有"高压危险"的标示牌。试验工作人员均应在金属屏蔽网围拦外面进行观察和操作。

（12）在现场进行试验工作时，工作人员活动范围与带电设备的安全距离不得小于表 6-1 的规定。

表 6-1   工作人员工作中正常活动范围与带电设备的安全距离

电压等级（kV）	安全距离（m）	电压等级（kV）	安全距离（m）
10 及以下（13.8）	0.35	154	2.00
20～35	0.60	220	3.00
44	0.90	330	4.00
60～110	1.50	500	5.00

6.2　电气测量工作安全技术

【案例 6-1】 1986 年 5 月 5 日，在黑龙江某 35kV 变电站春检预试中，该所两回 35kV 进线断路器停电后，有一条线路仍带电，因而在断开该间隔线路侧隔离开关后，还装设了网状遮拦和标示牌，但其带电进线已延伸到该隔离开关里侧的门型构架上，因而在该处设置了一名专职监护人，专门负责看守带电部位。13 时 50 分，负责测悬垂绝缘子绝缘的何××与史××来到带电线路间隔的断路器处，何××登上断路器，用绝缘杆接触到带电的 35kV 悬垂绝缘子上，导致手扶绝缘电阻表的史××触电死亡。

【案例6-2】　1979年6月17日，浙江省某市供电所工人祝××，在对配电变压器摇测绝缘的工作中，由于监护不到位，头部碰触上方带电的10kV跌落式熔断器，触电坠地死亡。

6.2.1　用绝缘电阻表测量绝缘电阻

电气设备绝缘水平的好坏，直接影响电气设备的安全运行和工作人员的安全，测量绝缘电阻是判断电气设备绝缘好坏最简单、最常用的方法。因此，电气设备（例如，发电机、变压器、电动机、电缆）投入运行之前以及检修完毕以后，都要测量设备的绝缘电阻。

设备的绝缘电阻通常用绝缘电阻表测量。用绝缘电阻表测量绝缘电阻时，应注意下列安全事项：

（1）使用绝缘电阻表测量高压设备绝缘，应由二人进行。

（2）测量用的导线，应使用相应绝缘导线，其端部应有绝缘套。

由于绝缘导线两端容易拆断、破裂，发生漏电，所以，试验用的绝缘导线两端应加绝缘套，这样可以防止操作人员触电。

（3）测量绝缘电阻时，应将被测设备从各方面断开，验明确无电压，确实证明设备上无人工作后，方可进行。在测量过程，禁止他人接近被测设备。在测量绝缘前后，应将被测设备对地放电。

测量线路绝缘时，应取得许可并通知对侧后方可进行。

被测设备在测量之前必须做好停电的安全措施，将被测设备可能来电的各个方面断开，在断开的断路器和隔离开关的操作把手上挂"禁止合闸，有人工作！"的标示牌。

在测量过程中，要防止他人触摸设备，以免引起触电；测试结束后应将被测设备放电。

（4）在有感应电压的线路上测量绝缘时，必须将相关线路同时停电，方可进行。雷电时，禁止测量线路绝缘。

在线路或电缆线路上测量绝缘时应做好下列安全措施：

1）若测量同杆架设的双回路中的一回或单回路与另一线路有平行段，则另一回带电线路必须停电。因为带电线路在被试线路上会感应高电压，为了防止感应的高电压损坏仪表和危害人身安全，测量时，另一回带电线路必须停电，否则不能进行。

2）当在一端测量线路和电缆的绝缘时，在另一端应装临时遮拦，并挂"止步，高压危险!"标示牌，或派人看守，防止他人触及，发生触电。

3）测量前，线路两端应挂接地线，有支接线和自发电并网用户，还要根据具体情况适当增加接地线，防止因转供、倒供造成反送电。测量时，要与各端取得联系，拆除同一相上所有接地线，保留其他两相接地线，并取得各端许可后，方可进行测量。

4）在测量绝缘前后，被试设备应对地放电。在对高压电缆、架空线路或其他对地电容量较大的设备（如发电机、变压器）进行绝缘电阻测量时，由于这些设备对地的电容量比较大，与电源接通时，电容被充电，在电源切断后，因绝缘介质的电阻很大，设备上储存的电荷不能迅速通过设备的绝缘介质放电而消失。因此，在设备的导体上仍有残留电荷，如果人体接触设备，残留电荷将通过人体对地泄放，其后果十分严重。所以为保证人身安全，不管是交流或直流电路，当电源切断后，必须将设备接地放电，充分释放残留电荷，消除残留电压。

（5）在带电设备附近测量绝缘电阻时，测量人员和绝缘电阻表安放位置，应选择适当，保持安全距离，以免绝缘电阻表引线或引线支持物触碰带电部分。移动引线时，应注意监护，防止作业人员触电。

6.2.2 用携带型仪器进行高压测量

携带型仪器，系指接在电流互感器和电压互感器低压侧进行测量的设备。如各种分析仪器、各种示波器、电气仪表如电流表、电压表、功率表等。

用携带型仪器进行高压测量时应注意下列安全事项：

（1）使用携带型仪器在高压回路上进行工作，至少由两人进行。需要高压设备停电或做安全措施的，应填用变电站（发电厂）第一种工作票。

（2）除使用特殊仪器外，所有使用携带型仪器的测量工作，均应在电流互感器和电压互感器的二次侧进行。

当需要在运行中的高压电气设备上进行测量时，除使用特殊仪器外（特殊仪器，系指直接在高压设备导电部分测量的仪器，如用核相棒定相、γ射线探伤）所有使用携带型仪器的测量工作，均应在电流互感器和电压互感器的二次侧进行。

（3）电流表、电流互感器及其他测量仪表的接线和拆卸，需要断开高压回路者，应将此回路所连接的设备和仪器全部停电后，始能进行。

（4）电压表、携带型电压互感器和其他高压测量仪器的接线和拆卸无需断开高压回路者，可以带电工作。但应使用耐高压的绝缘导线，导线长度应尽可能缩短，不准有接头，并应连接牢固，以防接地和短路。必要时用绝缘物加以固定。

使用电压互感器进行工作时，先应将低压侧所有接线接好，然后用绝缘工具将电压互感器接到高压侧。工作时应戴手套和护目眼镜，站在绝缘垫上，并应有专人监护。

（5）连接电流回路的导线截面，应适合所测电流数值。连接电压回路的导线截面不得小于 $1.5mm^2$。

（6）非金属外壳的仪器，应与地绝缘，金属外壳的仪器和变压器外壳应接地。

1）测量中所用的仪表若外壳是非金属的，则应与地绝缘；若外壳是金属的，则与变压器的外壳一起接地。非金属外壳的仪器应对地绝缘，一般可放在绝缘垫或绝缘台上使用。

2）仪表外壳应擦拭干净，保持干燥，绝缘良好。金属外壳的仪器和变压器外壳接地；主要防止导电部分与外壳之间的绝缘有故障，产生漏电或击穿时，使外壳带电，引起人身触电事故。

（7）测量用装置必要时应设遮拦或围拦，并悬挂"止步，高压危险！"的标示牌。仪器的布置应使工作人员距带电部位保持安全距离。

测量时，仪表的布置应使读表人与高压导电部分保持允许的安全距离，测量操作要小心，不得触及带电的电压互感器、电阻器或导线，防止测量时发生触电事故。

6.2.3 使用钳型电流表的测量工作

钳型电流表可以在高压回路不停电的情况下直接测量回路电流，使用过程中应注意如下安全事项：

（1）运行人员在高压回路上使用钳形电流表的测量工作，应由两人进行。非运行人员测量时，应填用变电站（发电厂）第二种工作票。

在高压回路上使用钳型电流表，测量电流时应由二人进行，一人监护，一人操作。

（2）在高压回路上测量时，禁止用导线从钳形电流表另接表计测量。

在高压回路上测量时，为了防止电流互感器一、二次间发生绝缘击穿，在二次回路中出现高电压，在测量时不允许用导线从钳型电流表上另外再接其他电流表。

（3）测量时若需拆除遮拦，应在拆除遮拦后立即进行。工作结束，应立即将遮拦恢复原状。

（4）使用钳形电流表时，应注意钳形电流表的电压等级。测量时戴绝缘手套，站在绝缘垫上，不得触及其他设备，以防短路或接地。

观测表计时，要特别注意保持头部与带电部分的安全距离。

（5）测量低压熔断器和水平排列低压母线电流时，测量前应将各相熔断器和母线用绝缘材料加以包护隔离，以免引起相间短路，同时应注意不得触及其他带电部分。

（6）在测量高压电缆各相电流时，电缆头线间距离应在

300mm 以上，且绝缘良好，测量方便者，方可进行。

当有一相接地时，严禁测量。

当用钳型电流表测量高压电缆头各相的电流时，一般钳型电流表本身有一定的宽度，加上钳口张开时的宽度可达 200mm 左右，因此，在电缆头各相间的距离达到 300mm 以上时，可以进行测量。

（7）钳形电流表应保存在干燥的室内，使用前要擦拭干净。

 做中学，学中做

取一绝缘体（绝缘子），用绝缘电阻表测量其绝缘电阻。

6.3　用外界电源作设备的绝缘预防性试验

进行电气设备的绝缘预防性试验（如漏泄电流试验、耐压试验等）都需要采用外界电源。在检修的设备上进行试验时，若不采取必要的安全措施，很容易造成工作人员的触电事故。

【案例 6-3】　1990 年 4 月 25 日，在黑龙江某 35kV 变电站春检预试工作中，试验所高压班在试验 35kV 电压互感器 B 相时，"M"型试验器发生故障，由高压班长李××修复后，交给试验器操作人员吴××（徒工），吴××接过试验器后即按下试验按钮，造成正在 35kV 电压互感器构架上、手持试验电缆挂钩的马××双手被电击伤，从 2.4m 的高处坠落。

【案例 6-4】　1980 年 6 月 14 日，河北省某电力局变电工区检修班在某 35kV 变电站停电作避雷器试验时，工人王××误登上带电的 35kV 隔离开关架构，触电死亡。

6.3.1　高压试验发生触电事故的原因

根据高压试验工作的普遍情况，一般在下列情况下容易发生人身触电事故：

（1）在加电压时，设备上还有人进行工作，或有其他无关人员在设备附近逗留。

（2）在加电压设备的周围没有装设临时防护遮拦，也没有指派专人看守，其他无关人员突然进入有电压的试验场所。

（3）试验接线错误或在接线中由于工作人员相互联系不够，造成接地线断线或误合电源等。

6.3.2　防止发生高压试验触电事故的措施

为了防止高压试验时的触电事故，应采取以下安全措施：

（1）应避免在同一电气连接部分，同时进行试验工作和其他工作。在一个电气连接部分上同时有检修和试验工作，可填用一张工作票。工作负责人可由检修负责人担任，也可由试验负责人担任，但工作负责人均应对加压试验时全体人员的安全负责。

在同一电气连接部分，如果高压试验和检修工作两者分别开工作票，则在加压试验时，现场只允许有一张试验工作票，检修工作票应收回，以保证在加压试验过程中，被试回路中没有检修人员进入。

加压部分和检修部分之间一般由隔离开关或断路器断开，断开点按试验电压要有足够的安全距离，不能产生空气闪络或绝缘油击穿等现象。在有接地短路线的一侧，工作人员对加压试验部分有足够的安全距离，断开点挂有"止步，高压危险!"的标示牌，并设有专人监护，就可以继续工作。

（2）试验现场应装设遮拦或围拦，遮拦或围拦与试验设备高压部分应有足够的安全距离，向外悬挂"止步，高压危险!"标示牌，并派人看守。

试验现场装设临时遮拦，并挂警告牌，一方面表明了试验人员的工作地点，防止走错，另一方面限制他人误入试验场地，防止发生危险。

派专人看守，是为了防止他人接近或误入发生触电。看守人员在试验期间未得到通知，任何情况都不得离开。

在进行电缆试验时，在电缆的一端加电压，在另一端应装设遮拦，并派人看守。

发电机试验时，一般在发电机出口引出线端加电压，在发电机端静子绕组的两侧应派人看守（试验时，机端端盖已拆离），防止试验时有人接近或触及发电机的端部绕组。

（3）高压试验工作不得少于两人。试验负责人应由有经验的人员担任，开始试验前，试验负责人应对全体试验人员详细布置试验中的安全注意事项，内容如下：

1）核对设备名称。

2）做好与运行、检修人员的联系。

3）检查被试验设备与其他设备的距离和接地线情况。

4）检查被试验设备是否符合试验状态。

5）检查安全用具齐全完整。

6）检查试验装置外壳接地，总接地点可靠良好。

7）派人警戒及围好遮拦。

（4）试验装置的金属外壳应可靠接地；高压引出线应尽量缩短，必要时用绝缘物支持牢固；试验装置的电源开关应使用明显断开的双极闸刀。为了防止误合闸刀，可在刀刃上加绝缘罩，试验装置的低压回路中应有两个串联的电源开关，并加装过载自动跳闸装置。

试验装置金属外壳应可靠接地，以防止试验装置故障外壳带电，危及试验人员的人身安全。因此，任何高压试验，对试验装置的接地应给予特殊的注意，事先应选定接地网的接头处接地。接地线应使用裸铜软线，截面不小于 $25\mathrm{mm}^2$。

缩短高压引线的作用是：

1）减少杂散电容电流对试验数据的影响，高压试验引线对地存在电容，其电容量的大小与引线长短及绝缘材料有关。

2）引线短，占地位小，减少对周围工作人员的危险。

3）减少了引线对地击穿的可能性。

为了防止对试验装置误送电，防止试验误操作，应采取如下措施：

1）用明显断开的闸刀并应用有完整绝缘罩的开关做试验电

源开关。

2）用插头插座作电源开关。

3）试验装置的低压电源回路中串接二个以上电源开关，一个装于供电地点，另一个装在试验装置现场或试验控制台上，装两个以上开关，以便紧急情况下及时断开电源，防止损坏设备及其他情况的发生。

高压试验过程中，往往会发生被试设备的绝缘击穿，泄漏电流或电容电流超过预定限额等情况，使试验装置过载或扩大烧坏被试设备击穿点的绝缘以及试验装置过载损坏，在上述情况发生时靠手操作切断电源是不可靠的，为此，在试验装置上要加装自动开关，当过载时，立即自动断开电源。

（5）加压前必须认真检查试验接线、表计倍率、调压器零位及仪表的开始状态，均正确无误，通知有关人员离开被试设备，经试验负责人许可方可加压。加压过程中应有人监护。

试验前，试验人员应按试验接线图接线，试验接线完成后，还应按试验接线图逐一复核，经试验负责人最后检查正确无误，并得到试验负责人的许可方可进行试验。

试验前检查仪表倍率，以便保证试验数据正确和不损坏试验仪表。

试验之前，调压器必须在零位，否则一合电源，立即有电压输出，不能保证试验升压的要求，甚至发生过高电压损坏设备。

加压过程中应呼唱，即交直流耐压升压过程中的各点电压，应逐段时间呼唱，以引起试验人员之间相互注意，又可根据逐点的试验数值，如泄漏电流等判断设备有无异常变化。

（6）特殊的重要电气试验，应有详细的试验措施，并经主管生产的领导（总工程师）批准。特殊的重要电气试验，一般指试验涉及面广，技术要求严，操作步骤复杂的项目，如：

1）新装机组或其他主要设备交接、启动试验。

2）主设备和主要辅机的出力试验，如发电机阻抗测量，主变压器铜、铁损试验，带电测发电机或变压器运行温度等。

　　3）威胁主设备安全运行的试验，如失磁运行、甩负荷试验等。

　　4）本部门没有进行过的复杂或新技术试验。这些试验应事先制订详细的组织措施和技术措施，并经主管生产领导批准。

　　5）试验完毕，被试设备应对地放电。由于设备试验时充有许多残余电荷，只有将残余电荷放尽，被试设备确无电压，人才能接近，并拆除接线及试验设备。

第 7 章

电力线路运行检修安全技术

　　电力线路是电力系统的重要组成部分，它是发电厂与用户之间的重要桥梁，是输送和分配电能的纽带。电力线路的工作是电业工作的主要内容之一，它包括电力线路的运行维护、线路检修和架设。电力线路的运行维护有线路的巡视检查、运行线路的测量和试验及对电力线路事故的预防。电力线路的检修有停电登杆检查清扫、杆塔基础检修、杆塔检修、拉线检修、导线及避雷线检修、绝缘子及金具检修。本章主要介绍电力线路的安全要求，电力线路运行维护、检修等工作安全技术。

　　职业岗位群应知应会目标：
　　（1）了解电力线路的作用；
　　（2）熟悉电力线路的安全要求；
　　（3）掌握巡线内容和要求以及注意事项；
　　（4）熟悉架空线路带电测量及安全规定；
　　（5）了解架空线路沿线树木砍伐；
　　（6）掌握架空线路的检修的安全措施及规定；
　　（7）掌握电缆检修的安全注意事项。

7.1　电力线路的作用及安全要求

7.1.1　电力线路的作用

电力线路分为输电线路和配电线路。

输电线路系指从电源向电力负荷中心输送电能的线路，一般指升压变电站与一次降压变电站之间的线路，或一次降压变电站与二次降压变电站之间的线路；而担负分配电能任务的线路称为配电线路，一般指二次降压变电站至用户间的线路。

电力线路按架设类型的不同又分为架空输配电线路和地下电缆线路。目前高压输电和乡村配电大多采用架空线路，而地下电缆线路大多用于高压引入线、水下线路、发电机出线和城市配电线路。

发电厂生产的电能与用户的用电是随时平衡的，发电厂生产的电能必须通过不同电压等级的变电站和输、配电线路，将电能送至用户。

由于发电机的机端电压一般为 $10\sim20kV$，为了减少电能在输送过程中的损失，根据用户的远近将机端电压升高到 35、66、110、220、330、500、750kV 甚至 1000kV，通过输电线路把电能送到几百公里、千余公里之外的用电中心变电站，之后，又将电压降低至 66 或 35kV，通过高压配电线路送到用户附近的变电站，再把电压降低，用 10kV 线路把电能分配给各用户点的变电站，经过配电变压器将电压降低至 380/220V，用低压配电线路分配给动力和照明用户。

由上述电能的输送和分配过程可知，电力线路起着输送和分配电能的作用。它把强大的电力输送到工矿、企业、城市和农村，以满足工农业生产和人民生活的需要。同时，通过输电线路把各区域电网连接起来，形成全国电网或跨国电网，这就大大提高供电可靠性；其次，由于区域电网的建立，使水电与火电、核电甚至风电等绿色能源密切配合，取得最经济的运行方式，使供电更为经济。

7.1.2　电力线路的安全要求

1. 架空线路安全要求

架空线路由基础、杆塔、导（地）线、绝缘子、金具和接地装置组成。它在安全方面的要求是：

（1）绝缘强度。架空线路必须有足够的绝缘强度，应能满足相间绝缘及对地绝缘的要求。架空线路的绝缘除能保证正常工作外，还要能满足接地过电压及各种操作过电压的要求，特别是要能经受大气过电压的考验。为此，架空线路应保持足够的线间距离，并采用相应电压等级的绝缘子予以架设。

任何情况下，线路的绝缘水平必须与电压等级相适应。户外架空线路，只要满足规定的安全距离，可采用裸导线，而户内线路，除工业企业厂房可采用裸导线外，一般不得采用裸导线，而应采用良好的绝缘线。

（2）机械强度。架空线路的机械强度很重要，它不但要能担负它本身质量所产生的拉力，而且要能经得起风、雪、覆冰等负荷，以及由于气候影响，使线路弛度变化而产生的内应力。为此，架空线须有足够大的截面，导线的机械强度安全系数不低于2.5～3.5。应当注意，移动设备一定要采用铜芯软线，而进户线和用绝缘支持件敷设的导线一般不应采用软线。

（3）导电能力。按导电能力的要求，导线的截面必须满足运行发热和运行电压损失的要求。前者主要受最大持续负荷电流的限制，如果负荷电流太大，导线将过度发热，可能引起导线熔断停电或着火事故。后者主要是指线路运行时消耗在线路上的电压降，如果线路电压降太大，则用电设备将得不到合格的电压，不能正常运行，也可能因此造成事故。为此，线路运行时，应监视其运行温度，使其运行温度不超过规定值（一般裸导线、橡皮绝缘导线不超过70℃，塑料绝缘导线不超过65℃）。

2. 电缆线路安全要求

（1）电缆金属外皮应两端接地。单芯电缆由于涡流和磁滞损耗的影响使电缆发热较大，影响功率的传输。因此，高压电缆一般采用波纹铝套管作为金属屏蔽层兼顾铠装保护，中低压电缆其外层不装钢铠。若金属屏蔽层对地绝缘，则运行时将由静电电荷产生高电压，这种高电压有对人造成触电伤害的危险，同时，金属屏蔽层电压过高易造成电缆外护层绝缘击穿，长期运行后影响电缆主绝缘性能。为了消除单芯电缆金属屏蔽层上的静电电荷，金属屏蔽层应接地。单芯电缆一般采取两端同时接地，这是因为，当一端接地时，距接地端愈远的地方，金属屏蔽层上感应的电压愈高，这不仅危及人的安全，而且电缆的两相单芯电缆金属屏蔽层之间，电缆金属屏蔽层与地之间发生偶然的接触，将产生电弧，使金属屏蔽层损坏。但是，单芯电缆两端同时接地，电缆金属屏蔽层上将有感应电流流过，这样使电能损失增加，电缆温度升高，影响电缆的输送能力。所以高压电缆一般采用交叉互联方式减小感应电流，限制感应电压，中压电缆一般采用一端接地另一端经护层保护器接地的方式。

三芯电缆外表一般有钢铠，当电缆绝缘损坏时，电缆的外皮、钢铠及接头盒上都可能呈现电压，因此，电缆的两端应接地。两端电缆的外皮、钢铠和终端盒应可靠接地。为了保证接地可靠，在安装中间接线盒和终端接线盒时，要特别注意接线盒的外皮和电缆外皮有可靠的电气连接。低压电缆的铠装层也应接地良好，因为低压电缆金属铠装层若不接地，在单相故障后，故障电流经地电阻限制后可能达不到开关动作值，造成铠装层长期通过故障电流而发热，将可能引起整根电缆绝缘损坏的严重后果。

（2）电缆支架应接地。当电缆的外皮是非金属的，如塑料、橡胶或类似材料的外皮，则其支架必须接地。金属外皮电缆与大地一般有良好的接触，其支架不须接地。

（3）电缆隧道中应避免有接头。电缆接头是电缆中绝缘最薄弱的地方，大部分电缆故障也都发生在接头处。为安全起见，防止电缆故障引起火灾，应避免在电缆隧道中做接头，如果必须在隧道中安装中间接头，则应采取防火隔离措施，将电缆接头与其他电缆隔开。

（4）电缆应有双重称号。电缆线路的名称应用双重称号，以便查明该线路的方向与用途。如在发电厂中，某电缆的双重称号为：1号炉甲送风机—6kV一段。它表明了该电缆的用途是用于1号炉甲送风机，该电缆的走向是从1号炉甲送风机至6kV一段的配电柜（配电柜上标有该设备的名称）。在敞开敷设的电缆线路上，除了在电缆两端挂双重称号的标示牌外，在电缆线路上，还应在电缆穿孔处，穿越楼层处进行标识。

> 做中学，学中做
> （1）参观架空线路，认识线路各种元件。
> （2）用一解剖的电缆，认识电缆的内部构造。

7.2 电力线路的运行维护与检修安全技术

7.2.1 巡视与检查

【案例 7-1】 2005 年 8 月 18 日，浙江省某 10kV 线路因雷击造成单相接地，供电所安排王××带领 4 名工作人员进行故障巡线。在巡视至富石支线某电站（并网小水电）时，分析认为故障点可能在该站的配电变压器上，当即决定对该变压器进行绝缘测试。王××首先进入该配电变压器（落地式）院内，在未采取任何安全措施的情况下（操作棒、验电笔和接地线放在现场的汽车上），就去拆变压器的高压端子，触电死亡。

【案例 7-2】 2006 年 4 月 17 日夜，在甘肃省某 10kV 线路故障夜巡查线工作中，班长薛××在未采取安全措施的情况下，安排贾××登杆检查 6 号杆绝缘子情况，贾××在杆上检查 C 相绝缘子时用右手抓 C 相导线而触电，经抢救无效死亡。经事后检查，该导线带电的原因是该导线在某挡内断落后与 220V 路灯线搭接。

1. 巡线分类及巡线内容

高压架空线路运行时，应经常对线路进行巡视和检查，监视线路的运行状况及周围环境的变化，以便及时发现和消除线路缺陷，防止线路事故的发生，保证线路安全运行，并确定线路的检修内容。

架空线路的巡视（巡线），根据工作性质、任务及规定的时间和参加人员的不同，分为定期巡线和不定期巡线。

（1）定期巡线。定期巡线由专责巡线员对架空线路定期地进行巡视和检查。高压线路根据线路环境、设备情况及季节性变化，一般每月巡线一次，必要时，可增加巡线次数。通过定期巡视检查，经常掌握架空线路各部件运行情况及沿线情况。定期巡线的内容如下：

1）沿线情况。沿线情况包括：①应消除的物体。如防护地带内的草堆、木材堆、垃圾堆等；在倒下时可能损伤导线的树枝和天线。②应查明的各种异常现象和正在进行的工程（如在防护区内栽植树木、灌木等）；杆塔基础周围情况；在防护区内进行的土方工程、建筑工程及其附近进行的爆炸工程；在防护区内的地下电缆、架空线路及高压管道（水管、瓦斯管、石油管等）的敷设情况；在线路附近修建道路、码头、卸货场、射击场等；其他不正常现象：河流泛滥、山洪、流冰、杆塔被淹、线路下出现可移动的设施等。

2）道路与桥梁。巡线及检修用的道路、桥梁和便桥的情况。

3）杆塔。杆塔的巡视内容有：①杆塔应无倾斜或倾斜不超过规定值，杆塔的横担应端正无扭曲。②杆塔及拉线基础完好。基础周围边缝处土壤无凸起、裂纹的沉陷显示，护基设施无沉陷塌滑，无基础上拔，卡盘及拉线盘、桩腿无冲刷外露，基础地脚螺栓无松动。③杆塔各部件无锈蚀、变形和丢损、主材无弯曲。检查塔材、螺栓、螺帽有无缺损、松动、焊缝有无开裂。所有缺陷应做详细记录。④检查杆塔上有无搭挂外物或鸟巢，防鸟设施是否损坏、短缺或失效，杆塔周围是否存在对运行有妨碍的障碍物。⑤对水泥电杆应注意检查有无裂纹及原有裂纹的变化、是否有露筋、混凝土剥落、弯曲度是否超过规定，脚钉是否丢失。⑥杆塔上应有正确、清晰的标示线路双重名称、杆塔号、相位标志符号及禁止攀登等内容的警示牌。⑦木电杆上木件无腐朽、开裂、烧焦，榔桩应无松动，各部件紧固完好。

4）导、地线及其固定与连接。导、地线应无锈蚀、断股、损伤、闪络烧伤，连接处接触良好；导、地线的线夹应无锈蚀、缺螺丝及垫圈、螺丝帽松脱、开口销子缺少或脱出；连接器应无锈蚀过热及导线拨出痕迹；线夹的压条无脱出；导线在线夹内无滑动；跳线无歪曲变形或距杆塔本体过近；各相弛度应平衡；防振装置应正常，防振锤无跑动、无偏斜，防振锤钢丝无断股，护线条、阻尼线无松脱和变形；导线对杆塔、地面或导线上下方交叉跨越线路的防护安全距离应符合规定。

5）绝缘子。绝缘子应无损伤、裂纹、闪络放电、脏污、金具生锈、开口销子缺少或脱出、圆头销弯曲或脱出。

6）拉线。杆塔拉线应无锈蚀、松弛、断股、张力分配不均；紧线夹、花篮螺钉、连接杆、抱箍应无锈蚀松动。

7）接地装置。接地引下线有无丢失、断股或断线、引下线与接地体的连接处是否牢固。

（2）不定期巡线。不定期巡线分为特殊巡线、夜间巡线及故障巡线三种。

1）特殊巡线。特殊巡线是在导线结冰、大雾、大雪、冰雹、洪水、大风、解冻等季节性气候急剧变化及森林起火、地震等发生后，需立即对架空线路的全线、某几段或某些元件进行特殊巡视检查。巡视检查时，应详细查勘，以发现损坏程度并及时处理。

2）夜间巡线。夜间巡线是为了检查导线接头及绝缘子缺陷。夜间巡线可发现白天不能发现的缺陷，如放电，导线过热发红。夜间巡线一般在高峰负荷期间进行，巡视时应选在没有月光的夜间进行。夜间巡线每年至少进行一次。

3）故障巡线。当线路发生故障时，需要进行故障巡线，以查明故障原因，找出故障地点及故障。无论重合闸装置是否重合良好，均应在事故跳闸或发现有接地故障后，立即进行巡视检查。事故巡线时，除了应注意线路本身设备元件有无损坏以外，还应注意沿线附近的环境，如树木、建筑物和其他临时性的障碍物，它们有可能触及线路而引起故障。

2. 巡线要求及注意事项

（1）巡线工作应由有电力线路工作经验的人担任，一般不少于2人。新参加工作的人员不得1人单独巡线。偏僻山区和夜间巡线必须由2人进行，暑天、大雪天必要时由2人进行。巡线时应携带望远镜，以便观察看不清楚的地方。巡线工作要求巡线人员能够及时发现设备的异常运行情况，如绝缘子破裂、闪络烧伤，导、地线损伤，金具锈蚀，木质杆塔构件腐朽，外物接近或悬挂危及线路安全运行，线路或杆塔四周有威胁安全的施工等。在巡视中，一旦遇到紧急情况，能按有关规定正确处理。

（2）单人巡线时，禁止攀登电杆和铁塔。若发现杆塔上某部件有缺陷，但在地面上无法看清时，绝对禁止攀登杆塔，因为无人监护，单人登杆时无法掌握自己与带电部分的距离，容易造成触电事故。

（3）夜间巡线时，应携带必要的照明工具。夜间巡线时应沿线外侧进行、防止万一发生断线事故危及人员安全。

（4）大风巡线时（指6级及以上大风）巡线人员应沿线路外侧的上风方向巡线，以防大风吹断导线而坠落在自己身上，同时也可使视线清楚，以免迷眼。

（5）事故巡线时应始终认为线路带电，即使明知该线路已停电，也应认为线路随时有恢复送电的可能。

（6）巡线时若发现导线断落地面或悬挂空中，所有人员应站在距故障8m以外的地方，并设专人看管，绝对禁止任何人走近故障地点，以防跨步电压危及人身安全，并迅速报告领导，等候处理。

7.2.2　架空线路带电测量及安全规定

【案例7-3】　1981年5月18日，黑龙江某电业局线路工区供电站工人甲，在用"嗡声测量法"检测某110kV线路339号耐张杆零值绝缘子的工作中，当检测完该杆双横担侧的绝缘子，沿着下横担向单横担侧转位时（上字型塔头），由于无人监护（工作负责人正在紧分角拉线），不慎使检测杆火花间隙的金属触头碰到中相跳线，而该火花间隙的金属构件又与该工人的后脑部相接触，从而导致其触电坠地死亡。

【案例 7-4】　1984 年 5 月 11 日，江西省某供电局线路工区技术员廖××带领熊××等三名民工测量 110kV 线路杆塔接地电阻。测量结束，熊××在收测量线时，因测量线被树桩挂住而用力猛拉，导致测量线跳起并超过 A 相导线的高度，A 相导线对测量线放电，造成熊××的左臂、右背部及双脚严重烧伤。

架空线路带电测量工作有：在带电线路上测量导线弛度和交叉跨越距离。在线路带电的情况下测量杆塔、配电变压器和避雷器的接地电阻；线路带电时测量杆塔的倾斜度；带电测量连接器（导线接头）的电阻等。

架空线路带电进行测量工作时，应遵守下列规定：

（1）测量人员应具备安全工作的基本条件，要求技术技能合格，并有实际测量的工作经验，有自我保护的能力。

（2）电气测量工作，至少应由两人进行，一人操作，一人监护。夜间进行测量工作，应有足够的照明。

（3）测量人员必须了解仪表的性能，使用方法，正确接线，熟悉测量的安全措施。

（4）严格执行《电力安全工作规程》规定，必须做好保证测量工作的各项安全措施，包括按规定办理工作票及履行许可监护手续。对于重要的测量项目或工作人员未经历的测量项目，工作之前均应针对实际制订切实的操作步骤和安全实施方案。如测杆塔接地电阻时，解开或恢复接地引线时，应戴绝缘手套，严禁接触与地断开的接地线；用钳形电流表测量电流时不要触及带电部分，防止相间短路等。

（5）在带电条件下进行电气测量，特别是工作总人数只有两人而测量又需要人员协助时，为防止失去监护人监护，必须首先落实各项安全技术措施，包括在防止误接近的安全距离处设置临时围拦或用实物分界隔离，保证仪器仪表的位置布置正确，检查连接线的绝缘完好，安全距离等项内容符合要求。

（6）在带电线路上测量导线弛度和交叉跨越距离时，严禁使用夹有金属丝的皮尺、线尺，若用抛挂法进行简易测量时，所用绳子必须是专用的测绳或是能直接辨认的干燥的绝缘绳索。

7.2.3　架空线路沿线树木砍伐

【案例7-5】　1975年10月15日15时左右，湖北省某线路工区工人余××、刘××等3人在某110kV线路7~8号杆之间砍树时，由于未对树木倒落的方向采取控制措施，监护不到位，导致树木被砍断后倒落在A相导线上，造成刘××右手及左脚电灼伤。

在高压线路下和线路通道两侧砍伐超过规定高度的树木是运行维护的工作内容之一。砍伐树木时，树木倒落可能损坏杆塔，砸断导线，发生重大停电事故，为此，在高压线路下和通道两侧砍伐树木应遵守的安全事项如下：

（1）在线路带电情况下，砍伐靠近线路的树木时，工作负责人必须在工作开始前，向全体人员说明：电力线路有电，不得攀登杆塔；树木、绳索不得接触导线。

（2）严格保持与带电导线的安全距离。砍伐时，砍伐人员和绳索与导线应保持安全距离，树木与绳索不得接近至该距离之内。

（3）采取防止树木（树枝）倒落在导线上的措施。应设法用绳索将其拉向与导线相反的方向，绳索应有足够的长度，以免拉绳的人员被倒落的树木砸伤。树枝接触高压带电导线时。严禁用手直接去取。

（4）防止发生摔伤和砸伤事故。上树砍伐树木时，应使用安全带，不应攀抓脆弱和枯死的树枝，不应攀登已经锯过的或砍过的未断树木，注意马蜂袭击，防止发生高空摔伤事故；砍剪的树木下和倒树范围内应有人监护，不得有人逗留，防止砸伤行人。

7.2.4　架空线路的检修

1. 高压架空线路停电检修安全措施

当线路需要停电检修时，为保证检修人员的人身安全，必须做好下列安全措施：

（1）填用第一种工作票。

（2）办理工作许可手续。工作票填好经签发人签发，并经工作许可人许可后方可开工。

（3）线路停电。停电检修的线路由发电厂或变电站进行停电，这是保证检修人员安全的重要技术措施。

（4）线路验电。对停电线路进行验电，以检查线路确实无电压。

（5）在线路上挂接地线。线路验明无电压后，在线路两端挂接地线，凡有可能送电到停电线路的各分支线上也要挂接地线。这是防止突然来电，保证人身安全的最可靠的技术措施。

线路停电后，仍有突然来电的可能，下列因素均是可能引起突然来电的原因：

1）交叉跨越处，另一条带电线路发生断线而造成搭连。

2）隔离开关拉开后，由于定位销子未插牢，又未加锁，在振动或其他外力作用下，隔离开关因重力而自行闭合。

3）值班人员误操作对停电线路误送电。

4）用户自备电源误向该线路倒送电。

5）双电源用户当第一电源因线路检修停电，合第二电源时，因闭锁装置失灵或误操作，向停电的线路反送电。

6）由电压互感器向停电设备反送电。

7）由交叉跨越平行线路和大风引起的感应电。

8）远方落雷造成停电线路带电。

基于上述原因，在停电的线上，按要求均应挂接地线。

（6）必须有工作监护人监护。线路检修时，工作监护人必须始终在工作现场，对工作人员的安全进行认真监护。

（7）工作间断恢复工作时，应先检查接地等各项安全措施完整后方可开工。

（8）工作完毕时，应办理工作结束手续。工作许可人在接到所有工作负责人（包括用户）的完工报告后，确认全部工作已经完毕，所有工作人员已撤离线路，接地线已全部拆除，与记录核对无误并做好记录后，方可下令拆除安全措施，恢复线路送电。

【案例7-6】 1980年5月29日，陕西省某电力局某供电站正、副站长和工人王××，在处理某10kV支线1号杆缺陷时，既未办理工作票，也未验电、挂接地线，以致王××在穿越同杆架设的下层已退出运行的线路时触电死亡。该线路已停运8年，两端的电气连接均已拆除，但事故后检查得知，该线路导线与运行中的化工厂专用线路的带电导线在交叉处相接触。

2. 停电检修线路邻近或交叉其他电力线路工作的安全措施

邻近或交叉其他电力线路系指停电检修的线路与另一回带电线路相交叉或接近，以致工作时，可能与带电导线相接触或接近至表7-1所示的安全距离以内（危险距离）。

表7-1　　　　邻近或交叉其他电力线路工作的安全距离

电压等级（kV）	安全距离（m）	电压等级（kV）	安全距离（m）
10及以下	1.0	220	4.0
35	2.5	330	5.0
110	3.0	500	6.0

当停电检修线路邻近或交叉其他电力线路而进行检修工作时，除本线路做好停电及保证邻近或交叉其他电力线路工作安全距离的安全措施外，还应做以下安全措施：

（1）将邻近或交叉的带电线路停电并予接地，接地线可以只在工作地点附近安装一组即可。

若邻近或交叉带电线路与停电检修的线路属同一单位，则两线路的停电和接地可办理一张第一种工作票，否则，应分别申请办理。在确实看到邻近或交叉线路已接地后，方可开始工作。

（2）本线路在检修过程中，应采取防止损伤配合停电的另一回线的措施。

（3）如邻近或交叉的线路不能停电时，应遵守以下规定：

1）在带电的电力线路邻近进行工作时，有可能接近带电导

153

线至危险距离以内，此时，必须做到：①采取一切措施，预防与带电导线接触或接近至危险距离以内。牵引绳索和拉绳等至带电导线的最小距离应符合表 7-1 的规定。②作业的导、地线还必须在工作地点接地。绞车等牵引工具必须接地。

2）在交叉挡内放落、降低或架设导、地线工作，只有停电检修线路在带电线路下面时才可进行，但必须采取防止导、地线产生跳动或过牵引而与带电导线接近至危险范围以内的措施。

3）停电检修的线路如果在另一回线路的上面，而又必须在该线路不停电情况下进行放松或架设导、地线以及更换绝缘子等工作时，必须采取安全可靠的措施。安全措施应由工作人员充分讨论后经工区批准执行。措施应能保证：①检修线路的导线、地线牵引绳索等与带电线路的导线必须保持足够的安全距离；②要有防止导、地线脱落、滑跑的后备措施。

4）在发电厂、变电站出入口处或线路中间某一段有两条以上的相互靠近的（100m 以内）平行或交叉线路上，要求：①做判别标识、色标或采取其他措施，以使工作人员能正确区别哪一条线路是停电线路；②在这些平行或交叉线路上进行工作时，应发给工作人员相对线路的识别标记；③登杆塔前经核对标记无误，验明线路确已停电并挂好地线后，方可攀登；④在这一段平行或交叉线路上工作时，要设专人监护，以免误登有电线路杆塔。

【案例 7-7】 1984 年 6 月 2 日，湖北省某线路工区工人童××，在某 110kV 线路 12 号杆上清扫绝缘子时，由于监护不严，误碰到同杆架设的另一条 110kV 线路导线，背部及左腿被电弧严重烧伤。

3. 同杆多回路部分线路停电工作的安全措施

（1）在同杆共架的多回线路中，部分线路停电检修，应在工作人员对带电导线最小距离不小于表 7-2 规定的安全距离时，才能进行。

表 7-2　在带电线路杆塔上工作与带电导线最小安全距离

电压等级（kV）	安全距离（m）	电压等级（kV）	安全距离（m）
10 及以下	0.70	220	3.00
35	1.00	330	4.00
110	1.50	500	5.00

（2）遇有 5 级以上的大风时，严禁在同一杆塔多回线路中进行部分线路停电检修工作。以防使用工具、绳索被风吹接近危险距离。

（3）工作票中应准确填写停电检修线路的双重称号。同杆多回线路都有正确命名，若命名不当，会给检修、运行调度带来很多不便，甚至造成听觉和笔下错误，导致发生误听、误操作、误调度、误登带电设备的事故。所以，规程规定，线路停电检修时，工作票签发人和工作负责人对停电检修的一回线路的正确标号应特别注意。多回线路中的每一回线路都应有双重称号，即：线路名称十左线或右线和上线或下线的称号（面向线路杆塔号增加的方向，在左边的线路称为左线，在右边的线路称为右线）。

（4）工作负责人在接受许可开始工作的命令时，应向工作许可人问明哪一回线路（左、右线或上、下线）已经停电接地，同时，在工作票上记下工作许可人告诉的停电线路的双重称号，然后核对所指的停电线路是否与工作票上所填的线路相符。如不符或有任何疑问时，工作负责人不得进行工作，必须查明已停电的线路确实是哪一回线路后，方能进行工作。

（5）在停电线路地段装设的接地线，应牢固可靠防止摆动，防止因距离不够引起放电接地。当某线段断开引线时，应在断引线的两侧接地。如在绝缘架空地线上工作时，应先将该架空地线接地，然后才能工作。

（6）工作开始以前，工作负责人应向参加工作的人员指明停电和带电的线路，并交代工作中必须特别注意的事项。

（7）为了防止在同杆塔架设多回线路中误登有电线路，还应采取如下措施：

1）各条线路应有标识、色标或其他方法加以区别，使登杆塔作业人员能在攀登前和在杆塔上作业时，明确区分停电和带电线路。

2）应在登杆塔前发给作业人员相对线路的识别标记。

3）作业人员登杆塔前核对标记无误，验明线路确已停电并挂好地线后，方可攀登。

4）登杆塔和在杆塔上作业时，每基杆塔都应设专人监护。

（8）在杆塔上进行工作时，严禁进入带电侧的横担，或在该侧横担上放置任何物件。

（9）绑线要在下面绕成小盘再带上杆塔使用。严禁在杆塔上卷绕绑线或放开绑线。

（10）向杆塔上吊起或向下放落工具、材料等物件时，应使用绝缘无极绳圈传递（绝缘绳首、尾两端连成一圈，以免使用时另一端飘荡到带电导线上），保持表 7-1 的安全距离。

（11）放线或架线时，应采取措施防止导线或架空地线由于摆动或其他原因而与带电导线接近至危险范围以内。在同杆塔架设的多回线路上，下层线路带电，上层线路停电作业时，不准做放、撒导线和地线的工作。

（12）绞车等牵引工具必须接地，放落和架设过程中的导线也应接地，以防止带电的线路发生接地短路时产生感应电压。

4. 在带电线路杆塔上工作的安全规定

在带电杆塔上工作时，如刷油漆、除鸟窝，紧杆塔螺丝，检查架空地线（不包括绝缘架空地线），查看金具、绝缘子等。应做好如下安全措施：

（1）填用第二种工作票，并履行工作票有关手续。

（2）作业时，作业人员活动范围及其所携带的工具、材料等，与带电导线的最小距离不得小于表 7-2 的规定。

（3）进行上述工作必须使用绝缘无极绳索和绝缘安全带，风力应不大于 5 级。

（4）进行上述作业时，应有专人监护。

（5）在 10kV 及以下的带电杆塔上进行工作，工作人员距最下层高压带电导线垂直距离不得小于 0.7m。

7.2.5 电缆的检修

电缆的故障绝大多数发生在终端头上，也有发生在电缆线路上及电缆中间接头的绝缘击穿。

【案例 7-8】 2006 年 3 月 23 日，北京某公司配电工区 7 名施工人员对两条遭受外力破坏的电缆进行故障抢修时，在完成了第一条电缆的抢修工作后，在没有对另一条电缆进行绝缘锥刺验电的情况下，即开始抢修工作。致使一名工作班成员在割破电缆绝缘后触电，并伤及共同工作的另一名工作人员，前者经抢救无效死亡，后者转到市内医院继续治疗。

1. 电缆停电检修安全措施

电缆的检修工作，不论是移动位置、拆除改装或更换接头盒及重做电缆头等，均应在停电的情况下进行，如图 7-1 所示。

电力电缆停电检修应填用第一种工作票，工作前，必须详细核对电缆名称标示牌是否与工作票所写的符合；安全措施正确可靠后，方可工作。

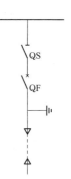

图 7-1 电缆线路接线

电缆停电检修的安全措施如下：

（1）断开电缆线路的电源断路器 QF。

（2）拉开电缆线路的电源隔离开关 QS。

（3）断开 QF 的控制电源及合闸能源。

（4）在 QF 及 QS 的操作把手上挂"禁止合闸，有人工作"标示牌。

（5）对电缆验电确实无电后挂接地线。

检修电缆时，工作人员只有在接到许可工作的命令后才能进行工作。在工作负责人未检查电缆是否确已停电和挂接地线之前，任何人不准直接用手或其他物件接触电缆的钢铠和铅包。

2. 锯断待修电缆安全注意事项

为防止错锯带电电缆而发生人身、设备事故,特别是多根电缆并列敷设情况下,应准确查明哪根电缆是需要检修的电缆,为此,应于开工前做好下列安全事项:

(1) 工作负责人应仔细核对工作票中所填电缆的名称、编号和起止端点应与现场电缆标示牌上的名称等内容完全一致,以确定所需锯断的电缆及区间应正确。如果某一项有误,则应核对图纸,无误后做好应锯断电缆的记号。

(2) 验电。利用仪器检测,确切证实需锯断电缆线芯无电。

(3) 将需锯断电缆放电并接地。验明电缆线芯无电后,用接地的带绝缘柄的铁钎钉入电缆线芯导电部分,使电缆线芯残余电荷放尽并短路接地。

(4) 电缆钉铁钎时,必须要求扶绝缘柄铁钎的人,戴绝缘手套、防护罩和安全帽,脚站在绝缘垫上。这是为防止电缆残电及被钉入铁钎的电缆带高电压而发生电击人体。

3. 挖掘电缆安全注意事项

挖掘电缆应注意下列安全事项:

(1) 挑选有电缆实际工作经验的人员担任现场工作指挥。工作前应根据电缆敷设图纸在电缆沿线标桩,确定出合适的挖掘位置。

(2) 做好防止交通事故的安全措施。在马路或通道上挖掘电缆,先需开设绕行便道,在挖掘地段周围装设临时围拦,绕行道口处设立标明施工禁行内容的告示牌。夜间施工应佩戴反光标志,施工地点应加挂警示灯。电缆沟道上应用坚实牢固的铁板或木板覆盖,防止发生交通事故。

(3) 电缆沟开挖时,应将路面铺设材料和泥土分别堆置,堆置处和电缆沟之间应保留通道。堆起的土堆斜坡上,不得放置任何工具、材料等杂物。严防杂物滑入沟内砸伤工作人员和电缆。

(4) 电缆沟开挖深度达到 1.5m 及以上时,要及时采取防止塌滑挤压的措施。挖到电缆护管或护板时,应及时报告工作负责人,在有经验人员指导下继续挖掘,防止挖坏电缆。

(5) 电缆或电缆接头盒挖出后，应防止电缆弯曲损伤电缆绝缘结构，接头盒不可受拉形成缺陷。为此，电缆被挖掘出来后，应采用绳索（不准用铁丝或钢丝等）悬吊牢靠，并置于同一水平上，悬吊点间距不宜过大，保持在 $1.0\sim1.5m$ 范围内；电缆接头盒挖出后，应特别注意保护，悬吊时应平放，接头盒不要受拉。

4. 使用喷灯安全注意事项

电缆施工或检修都要使用喷灯，正确使用喷灯对保证工作人员的安全有重要作用。使用喷灯时应注意下列安全事项：

(1) 使用喷灯之前，对喷灯应进行各项检查，并拧紧加油孔盖，不得有漏气、漏油现象，喷灯未烧热之前不得打气。

(2) 喷灯加油和放气时，应将喷灯熄灭，并应远离明火地点，同时，油面不得超过容积的 3/4。

(3) 点燃喷灯时，气压不得过大，在使用或递喷灯时应注意周围设备和人身的安全。火焰与带电部分的距离不得小于下列值：

1) 电压在 100V 及以下者，不得小于 1.5m。

2) 电压在 10kV 以上者，不得小于 3m。

工作中，工作人员不得在带电导线、带电设备、变压器、油断路器等易燃物品附近以及在电缆夹层、隧道、沟洞内对喷灯进行加油和点火。

(4) 夏季使用喷灯时应穿工作服。

5. 绝缘材料及焊接材料加热安全注意事项

(1) 电缆绝缘胶（油）加热时，工作人员应穿长袖衣裤、戴帆布围裙、帆布手套和鞋盖。

(2) 电缆绝缘胶（油）应放在有盖且有嘴的铁桶内，放在火炉上加热。禁止将密封未开盖的绝缘胶（油）桶放在火炉上加热，绝缘胶桶不准许仅给容器底面一侧加热（防止爆炸）。

(3) 加热后的锡缸、铅缸、绝缘油和绝缘胶桶等，取下及搬运时应戴帆布手套，传递时应相互呼应好，不准直接手对手地传递，应在传递人放在地上后，接的人再提起。

（4）搅拌或舀取溶化了的绝缘胶或铅锡必须用预先加热过的金属棒，或用金属勺子，以免含有水分使绝缘胶或焊锡溅出。

（5）绝缘胶（油）加热时，禁止用圆铁棍架绝缘胶（油）桶。容器内的绝缘胶（油）应不超过容器体积的3/4。

（6）高处灌绝缘胶（油）时，下面不准站人，工作人员应站在上风头。

（7）电缆绝缘胶（油）加热应有专人看管，应检查周围情况，加热点应远离易燃易爆物品和带电设备，并做好防火措施。

6. 进入电缆沟、井工作安全注意事项

电缆沟、井内空间小，照度低，易潮湿积水，并存在产生有害气体的可能，在工作人员进入电缆沟、井内工作之前，应做好如下安全措施：

（1）首先排除电缆沟、井内的污浊空气和有害气体。在工作人员进入电缆沟、井之前，要先进行通风排除浊气，再用气体检测仪检查电缆沟、井内的易燃易爆及有毒气体的含量是否超标，并做好记录，测试合格后方可下井工作，并合理配备工作人员。

（2）做好防火、防水和防止高空落物等安全措施。

（3）工作人员应戴安全帽，防止落物和在井内传递材料时碰伤人和设备。

（4）电缆井盖开启后，应在地面设围标与警示牌，并由专人看管。夜间应在电缆井口设置红灯警示标志。

第 8 章

带电作业安全技术

本章主要介绍带电作业的一般规定及安全技术措施；介绍等电位作业、高架绝缘斗臂车带电作业、低压带电作业、带电作业工具的保管与试验等有关的规定、安全措施及注意事项。

职业岗位群应知应会目标：

（1）了解目前带电作业采用的主要方式；

（2）熟悉带电作业的一般规定；

（3）掌握带电作业的一般技术措施；

（4）了解等电位作业基本原理及屏蔽服的使用；

（5）熟悉等电位作业的基本方式；

（6）掌握等电位作业的安全技术措施和安全注意事项；

（7）了解高架绝缘斗臂车带电作业安全规定及注意事项；

（8）熟悉低压设备及线路带电作业安全规定；

（9）掌握低压带电作业注意事项；

（10）了解带电作业工具的保管与试验。

8.1 带电作业一般规定及安全措施

8.1.1 带电作业

【案例 8-1】 1985 年 1 月 21 日，黑龙江某送电工区保线站站长带领 6 名工人，采取间接作业法带电更换 35kV 线路 1 号耐张杆零值绝缘子，该杆为Ⅱ型混凝土杆，同杆架设有两回路 35kV 线路，均为三角形排列，上横担 B 相跳线距离下横担的垂直距离为 1.6m，作业分工是：电工甲、乙两人上杆操作，电工丙在地面监护。电工甲在更换完下横担 C 相绝缘子后，拆除工具，准备解安全带下杆，丙对甲说："要注意距离（指与 B 相跳线的距离）"。而甲解开安全带后却站了起来（身高 1.72m），导致 B 相跳线对其放电而坠落地面，经抢救无效死亡。

带电作业是指在没有停电的设备或线路上进行的工作。如在带电的电气设备或线路上，用特殊的方法（如用绝缘杆、等电位、水冲洗等操作方法）进行测试、维护、检修和个别零部件的拆换工作。

带电作业按作业人员是否直接接触带电导体可分为直接作业和间接作业；按作业人员作业时所处的电位高低可分为等电位作业、中间电位作业和地电位作业。目前带电作业采用的主要方式有：

(1) 间接作业。

(2) 等电位作业。

(3) 沿绝缘子串进入强电场作业。

(4) 分相作业。

(5) 全绝缘作业。

间接带电作业也称地电位作业，是指作业人员站在地上或站在接地物体（如铁塔、杆塔横担）上，与检修设备带电部分保持规定的安全距离，利用绝缘工具对带电导体进行的作业。地电位作业时，有泄漏电流流过人体，流过人体泄漏电流的路径是：地—人—绝缘工具—带电导体。由于人体的电阻很小，绝缘工具的电阻很大，流过人体的泄漏电流主要取决于绝缘工具的绝缘电阻，故要求绝缘工具的绝缘电阻越大越好。

中间电位作业是指人体站在绝缘站台或绝缘梯上，或站在绝缘合格的升高机具内，手持绝缘工具对带电体进行的作业。中间电位作业也属间接作业范围。这种作业的泄漏电流路径是：地—绝缘站台（梯）—人—绝缘工具—带电导体。中间电位作业时，人处于带电体与绝缘站台之间，人体对带电体、地分别存在电容。由于电容的耦合作用，人体具有一定的电位，此时，人体电位高于地电位而低于带电体电位，因此作业时作业人员应穿屏蔽服和遵守有关规定。

等电位作业是带电作业中直接作业的方式之一，直接作业还包括全绝缘作业、分相接地作业等方式。等电位作业就是使作业人员各部位的电位与带电体的电位始终相等的作业。等电位作业时，作业人员穿着全套屏蔽服，借助各种绝缘安全用具进入强电场直接接触带电体进行操作。在电位等值状态下，人体已与地面完全绝缘而与带电体处于相同电场之中，人体与带电体之间不存在电位差。由于作业人员身体处于屏蔽服保护下，通过人体的电流为零，因此，作业人员可直接接触带电体进行工作。

【案例8-2】 1982年2月21日，河南省某县带电班要将5挡升压改造后的线路与10kV和平线带电相接。当日中午，带电班数人在该班工人崔××家中喝酒吃饭，酒饭后班长童××、副班长吕××及学员李××来到现场，分工由童××在地面监护，吕××登杆搭火，李××登杆传递工具。当吕××搭接完中相，接着搭接西边相时，李××不慎将一只手触及中相导线，另一只手触及拉线，经抢救，其双臂肘关节及以下截肢。

8.1.2 带电作业一般规定

（1）带电作业人员必须经过培训，考试合格。凡参加带电作业的人员，必须经过严格的工艺培训，并考试合格后才能参加带电作业。

（2）工作票签发人和工作负责人必须经过批准。带电作业工作票签发人和工作负责人应具有带电作业实践经验，熟悉带电作业现场和作业工具，对某些不熟悉的带电作业现场，能组织现场查勘，做出判断和确定作业方法及应采取的措施。工作票签发人必须经厂（局）领导批准，工作负责人可经工区领导批准。

（3）带电作业必须设专人监护。监护人应由有带电作业实践经验的人员担任。监护人不得直接操作。监护的范围不得超过一个作业点。复杂的或高杆塔上的作业应增设塔上监护人。

(4) 应用带电作业新项目和新工具时，必须经过科学试验和领导批准。对于比较复杂，难度较大的带电作业新项目和研制的新工具必须进行科学试验，确认安全可靠后，编制出操作工艺方案和安全措施，并经厂（局）主管生产领导（总工程师）批准后方可使用。

(5) 带电作业应在良好天气下进行。如遇雷、雨、雪、雾等天气，不得进行带电作业；风力大于 5 级时，一般不宜进行带电作业。

雷电时，直击雷和感应雷都会产生雷电过电压，该过电压可能使设备绝缘和带电作业工具遭到破坏，给作业人员人身安全带来严重危险；雨、雾天气，绝缘工具长时间在露天中会受潮，使绝缘强度明显下降；高温天气时，作业人员在杆塔、导线上工作时间过长会中暑；严寒风雪天气，导线弛度减小，应力增加，此时作业会加大导线荷载，甚至发生导线断线；当风力大于 5 级时，空中作业人员会出现较大的侧向受力，工作稳定度差，给作业造成困难，监护能见度差，易引起事故。

在特殊情况下，必须在恶劣天气下进行带电作业时，应组织有关人员充分讨论，采取必要可靠的安全措施，并经厂（局）主管生产的领导（总工程师）批准后方可进行。

(6) 带电作业必须经调度同意批准。带电作业工作负责人在带电作业工作开始之前，应与调度联系，得到调度的同意后方可进行，工作结束后应向调度汇报。

(7) 部分带电作业可能需停用重合闸。带电作业有下列情况之一者应停用重合闸，不得强送电：

1) 中性点有效接地（直接接地）的系统中有可能引起单相接地的作业。

2) 中性点非有效接地（中性点不接地或经消弧线圈接地）的系统中有可能引起相间短路的作业。

3) 工作票签发人或工作负责人认为需要停用重合闸的作业。严禁约时停用或恢复重合闸。

（8）带电作业过程中设备突然停电不得强送电。如果在带电作业过程中设备突然停电，则作业人员仍视设备为带电设备。此时，应对工器具和自身安全措施进行检查，以防出现意外过电压，工作负责人应尽快与调度联系，调度未与工作负责人取得联系前不得强送电。

以上规定适用于在海拔 1000m 及以下交流 10～1000kV、直流 500～800kV（750kV 为海拔 2000m 及以下）的高压架空线、发电厂和变电站电气设备上采用等电位、中间电位和地电位方式进行的带电作业及低压带电作业。

【案例 8-3】　2008 年 3 月 25 日 17 时 40 分，湖北省某供电公司输电线路部，带电更换某 220kV 线路 25 号耐张塔跳线绝缘子串作业完毕。17 时 54 分，地电位作业人员先取下挂在架空地线上的接地线夹并将其放置在横担上，接着取接地线接地端线夹时，该接地线滑脱而与 B 相跳线产生弧光放电，导致线路跳闸，作业人员眼睛受到电弧强光刺激。

【案例 8-4】　1979 年 6 月 14 日，辽宁省某供电局工人焦××在 10kV 带电线路杆塔上工作时，由于监护不到位，未与带电体保持足够的安全距离，在作业过程中触电死亡。

8.1.3　带电作业一般技术措施

（1）保持人身与带电体间的安全距离。作业人员与带电体间的距离，应保证在电力系统中出现最大内外过电压幅值时不发生闪络放电。所以，在进行地电位带电作业时，人身与带电体间的安全距离（带电作业的最小安全距离）不得小于表 8-1 的规定。

表 8-1　　　带电作业时人身与带电体的安全距离

电压等级（kV）	10	35	66	110	220	330	500	750	1000
距离（m）	0.4	0.6	0.7	1	1.8	2.6	3.4	5.2	6.8

35kV 及以下的带电设备，不能满足表 8-1 的最小安全距离时，必须采取可靠的绝缘隔离措施。

（2）将高压电场场强限制到对人身无损害的程度。如果作业人员身体表面的电场强度短时不超过 $200kV/m$，则是安全可靠的。如果超过上述值，则应采取必要的安全技术措施，如对人体加以屏蔽。

（3）制订带电作业技术方案。带电作业应事先编写技术方案，技术方案应包括操作工艺方案和严格的操作程序，并采取可靠的安全技术措施。

（4）带电作业时，良好绝缘子数应不少于规定数。带电作业更换绝缘子或在绝缘子串上作业时，良好绝缘子片数不得少于表 8-2 的规定。

表 8-2　　　　　　　　良好绝缘子最少片数

电压等级（kV）	35	66	110	220	330	500	750	1000	±500	±660	±800
距离（m）	2	3	5	9	16	23	25	37	22	25	32

如 110kV 架空线路，直线杆塔绝缘子一般 7 片，其中良好绝缘子不少于 5 片。在绝缘子串上带电作业或更换绝缘子时，必然要短接 1～3 片绝缘子，由此引起绝缘子串上分布电容的变化，其电压分布也随之改变，短接部位不同时，电压改变也不同，特别是绝缘子两端引起的电压变化更为悬殊。由于每片绝缘子耐压能力的限制，为保证短接后剩余绝缘子串能可靠承受最大过电压并保持有效安全距离，各电压等级线路良好绝缘子片数不少于规定数。

（5）带电更换绝缘子时应防止导线脱落。更换直线绝缘子串或移动导线的作业，当采用单吊线装置时，应采取防止导线脱落时的后备保护措施。

更换绝缘子串或移动导线均需吊线作业，此时，大多都使用吊线杆、紧线拉杆、平衡式卡线器、托瓶架等专用卡紧装置。在工作过程中，当松开线夹或松开绝缘子串的挂环时，导线即与杆塔脱开，此时导线仅通过装置控位，若装置机械部分缺陷、导线与装置脱开，则会发生严重的飞线事故。因此，为防止飞线事故，应采取后备保持措施：如采用两套绝缘紧线拉杆或结实的绝缘绳，预先将导线紧固在杆塔上适当位置，以免作业时导线脱开。

（6）采用专用短接线（或穿屏蔽服）拆、装靠近横担的第一片绝缘子。在绝缘子串未脱离导线前，拆、装靠近杆塔横担的第一片绝缘子时，必须采用专用短接线或穿屏蔽服方可直接进行操作。

在拆、装靠近横担的第一片绝缘子时，要引起整串绝缘子电容电流回路的通断。由于绝缘子串电压是非线性分布，通常第一片绝缘子上的等效电容相对较大，作业人员如果直接用手操作，人体虽有电阻，但仍有较大电流瞬间流过人体而产生刺激，出现动作失常而发生危险。接触靠横担的第一片绝缘子，还有一稳定电流流过人体，电流大小由绝缘子串表面电阻、分布电容及绝缘子脏污程度决定，严重时可达数毫安，可能对人体造成危害。所以，在导线未脱离之前，应采用专用短接线可靠地短接该第一片绝缘子放电，或穿屏蔽服转移流经人体的暂稳态电容电流。

（7）带电作业时应设置围拦。在市区或人口稠密的地区进行带电作业时，带电作业工作现场应设置围拦，严禁非工作人员入内。

> 🌐 **做中学，学中做**
> 　　模拟地电位使用操作杆带电作业，做好安全措施，注意安全距离。

8.2　等电位作业

8.2.1　等电位作业基本原理及适用范围

根据电工原理，电场中的两点，如果没有电位差，则两点间不会有电流。等电位作业就是利用这个原理，使带电作业人员各部位的电位与带电体的电位始终相等，两者之间不存在电位差，因此，没有电流流过作业人员的身体，从而保证作业人员的人身安全。

由于63（66）kV及以上电压等级电力线路和电气设备的相间及相与地之间的净空距离较大，所以，等电位作业一般适用于63（66）kV及以上电压等级的电力线路和电气设备。而35kV及以下线路和设备的相间、相与地（相与杆塔构架、相与设备外壳）之间的净空距离较小，加之人体着装屏蔽服后在设备上工作占有一定空间，使上述净空距离更小。所以，35kV及以下线路和电气设备不适于等电位作业。若须在35kV及以下电压等级采用等电位作业，应采取可靠的绝缘隔离措施，在措施可靠的条件下才能进行等电位作业。

8.2.2　屏蔽服及使用

在实际作业中，并不能简单地按等电位原理进行作业，还必须解决许多实际问题，如人体进入强电场接近带电体时，带电体对人体放电；人体在强电场中身体各部位产生电位差等。人体虽具有电阻，但电阻值很小，与带电作业所用绝缘梯或空气的绝缘电阻相比，则微不足道，可以忽略而把人体看成导体。当作业人员沿着绝缘梯上攀去接触带电体进行等电位作业时，人沿梯级上攀相当于一个等效导体向上移动，由于梯级电位由下至上逐渐增高，所以，随着人体与带电体的逐步接近，人体对地电位也逐渐增高，人体与带电体间的电位则逐渐减小。根据静电感应原理，人体上的电荷将重新分布，即接近高压带电体的一端呈异性电荷。当离高压带电体很近时，感应场强很大，足以使空气电离击穿，于是带电体对人体开始放电。随着人体继续接近带电体，放电将加剧，并产生蓝色弧光和"噼啪"放电声。当作业人员用手紧握带电体时，电荷中和放电结束，感应电荷完全消失。此时，人体与带电体等电位，人体电位处于稳定状态。但是人体与地及人体与相邻相导体之间存在电容，因此，仍有电容电流流过人体，但此电流很小，人体一般无感觉。

168

另外，当人体处在高压电场中时，虽然人体对地是绝缘的，但由于存在人体等效电容效应，使得人体各部位并未完全处于等电位状态，各部分之间电位差并不相同。当人体由地电位沿绝缘梯（或沿绝缘子串）过渡进入强电场时，均有较大的电位变化和电位差存在。当场强超过一定数值时，人体各部位之间将出现危险的电位差，人体表皮角质层也耐受不了强电场的作用。

为了消除在电位转移过程中的电容充放电现象，削弱高压电场对人体的影响，在高压带电体上进行带电作业时，人体必须穿屏蔽服。

屏蔽服是根据金属球置于强电场中，其内部电场为零的原理制成的，它用经纬布织均匀的柞蚕丝内包有金属丝（不锈钢或铜丝）的布料制成，它像一个特殊的金属网罩，依靠它可以使人体表面的电场强度均匀并减至最小，良好的屏蔽服屏蔽电场效率可达 99.9%，使作业时流经人体的电流几乎全部从屏蔽服上流过，实现了对人身的电流保护。在发生事故的情况下，穿着屏蔽服保护人身安全，对减轻电弧烧伤面积也起一定作用。

屏蔽服的类型应能适应在各种自然气候条件下工作时穿着使用，因而衣型有单、棉之分。成套屏蔽服包括上衣、裤子、鞋子、短袜、手套、帽子以及相应的连接线和连接头。由于具有不同的使用条件，国家带电作业标准化技术委员会规定：屏蔽服有3种型号。

（1）A 型屏蔽服。用屏蔽效率较高、载流量小（布样熔断电流在 5A 以上）的衣料制成，适合于 110～500kV 电压等级的带电作业使用。

（2）B 型屏蔽服。具有屏蔽效率高、衣服载流量较大的特点，适合于 35kV 以下电压等级，对地及线间距离窄小的配电线路和变电站带电作业时使用。

（3）C 型屏蔽服。具有通透性好、屏蔽效率较高及载流量较大的特点，布样熔断电流不小于 30A。

正确穿着和使用屏蔽服是保证带电作业安全的首要方面，必须认真对待，屏蔽服的穿着和使用注意事项如下：

（1）所用屏蔽服的类型应适合作业的线路或设备的电压等级。根据季节不同，屏蔽服内均应有棉衣、夏布衣或按规定穿的阻燃内衣，冬季应将屏蔽服穿在棉衣外面。

（2）使用屏蔽服之前，应用万用表和专用电极认真测试整套屏蔽服最远端点之间的电阻值，其数值应不大于 20Ω。同时，对屏蔽服外部应进行详细检查，看其有无钩挂、破洞及断线折损处，发现后应及时用衣料布加以修补，然后才能使用。

（3）穿着时，应注意整套屏蔽服各部分之间连接可靠、接触良好，这是防止等电位作业人员麻电的根本措施，绝对不能对任何部位的连接检查予以忽视。若屏蔽服与手套之间连接不妥的话，电位过渡时手腕易产生麻电；若不戴屏蔽帽或衣帽之间接触不良时，在电位转移过程中，作业人员未屏蔽的面部很容易产生麻电或电击。

（4）屏蔽服使用完毕，应将屏蔽服卷成圆筒形存放在专门的箱子内，不得挤压，以免造成断丝。夏天使用后洗涤汗水时不得揉搓，可用放在较大体积的 $50℃$ 左右的热水中浸泡 15min，然后用多量清水漂洗晾干。

8.2.3　等电位作业的基本方式

等电位作业有如下几种基本方式：

（1）立式绝缘硬梯（含人字梯、独脚梯）等电位作业。该方式多用于变电设备的带电作业，如套管加油、短接断路器、接头处理等。

（2）挂梯等电位作业。该方式是将绝缘硬梯垂直悬挂在母线、杆塔横担或钩架上，多用于一次变电设备解接搭头的带电作业。

（3）软梯等电位作业。该方式是将绝缘软梯挂在导线上，用来处理输电线路的防振锤和修补导线，该方法简单方便。

（4）杆上水平梯等电位作业。该方式是将绝缘硬梯水平组装在杆塔上，作业人员进行杆塔附近的等电位作业。

（5）绝缘斗臂上的等电位作业。该方式是在汽车活动臂上端的专用绝缘斗中进行带电作业。作业人员站在绝缘斗内，汽车活动臂将他举送到所需高度进行作业。

（6）绝缘三角板等电位作业。适用于配电线路杆塔附近的等电位作业。

8.2.4　等电位作业的安全技术措施

等电位作业应采取以下安全技术措施：

（1）等电位作业人员必须在衣服外面穿合格的全套屏蔽服（包括帽、衣、裤、手套、袜和鞋），且各部分应连接好，屏蔽服内还应套阻燃内衣。严禁通过屏蔽服断接地电流、空载线路和耦合电容器的电容电流。

由于在等电位沿绝缘梯或沿绝缘子串进入强电场的电位转移过程中会产生电容充放电，高压电场对人体各部位间会产生危险电位差，为保证人身安全，作业人员不仅应屏蔽身体，而且还必须屏蔽人的头部和四肢，所以，作业人员应穿全套的屏蔽服。屏蔽服内的阻燃内衣是防止电容充放电时将人体所穿的衣服燃烧着火而设置的。

（2）等电位作业人员对地距离不应小于表 8-1 的规定，对邻相导线的距离不小于表 8-3 的规定。

表 8-3　　等电位作业人员对邻相导线的最小距离

电压等级（kV）	35	66	110	220	330	500	750
距离（m）	0.8	0.9	1.4	2.5	3.5	5.0	6.9

（3）等电位作业人员在绝缘梯上作业或沿绝缘梯进入强电场时，其与接地体和带电体两部分间所组成的组合间隙不得小于表 8-4 的规定。

表 8-4　　　　组 合 间 隙 最 小 距 离

电压等级（kV）	66	110	220	330	500	750	1000	±400	±500	±660	±800
距离（m）	0.8	1.2	2.1	3.1	3.9	4.9	6.9	3.9	3.8	4.3	6.6

（4）等电位作业人员沿绝缘子串进入强电场的作业，只能在
220kV 及以上电压等级的绝缘子串上进行。扣除人体短接的和零
值的绝缘子片后，良好绝缘子片数不得小于表 8-2 的规定，其组
合间隙不得小于表 8-4 的规定。若组合间隙不满足表的规定，应
加装保护间隙。

等电位作业人员沿绝缘子串进入强电场，一般要短接 3 片绝
缘子，还应考虑可能存在的零值绝缘子，最少以 1 片计。110kV
直线杆绝缘子串共 7 片。扣除 4 片之后少于表规定的良好绝缘子
片数；而 220kV 直线杆绝缘子串为 13 片，扣除 4 片后，满足最
少良好绝缘子 9 片的规定。

人体进入电场后，人体与导线和人体与接地的架构之间形成
了组合间隙。所以，沿绝缘子串进入强电场的作业，不仅要受限
于良好绝缘子片数满足表 8-2 的规定，而且，组合间隙距离也满
足表 8-4 的规定。若组合间隙不满足规定时，还必须在作业地点
附近适当的地方加装保护间隙。

（5）等电位作业人员在电位转移前，应得到工作负责人的许
可，并系好安全带。转移电位时，人体裸露部分与带电体的距离
不应小于表 8-5 的规定。750、1000kV 等电位作业应使用电位转
移棒进行电位转移。

表 8-5　　转移电位时人体裸露部分与带电体的最小距离

电压等级（kV）	35、66	110、220	330、500	±400、±500	750、1000
距离（m）	0.2	0.3	0.4	0.4	0.5

（6）等电位作业人员与地电位作业人员传递工具和器材时，必
须使用绝缘工具或绝缘绳索进行，其有效长度不得小于表 8-6 规定。

表 8-6　　　　　　　　绝缘工具最小有效绝缘长度

电压等级（kV）	有效绝缘长度（m）	
	绝缘操作杆	绝缘承力工具、绝缘绳索
10	0.7	0.4
35	0.9	0.6

续表

电压等级（kV）	有效绝缘长度（m）	
	绝缘操作杆	绝缘承力工具、绝缘绳索
66	1	0.7
110	1.3	1
220	2.1	1.8
330	3.1	2.8
500	4	3.7
750	5.3	5.3
绝缘工具最小有效绝缘长度（m）		
1000	6.8	
±400	3.75	
±500	3.7	
±660	5.3	
±800	6.8	

（7）沿导、地线上悬挂的软、硬梯或飞车进入强电场的作业应遵守下列规定：

1）在连续档距的导、地线上挂梯（或飞车）时，其导、地线的截面不得小于：①钢芯铝绞线和铝合金绞线：120mm²；②钢绞线：50mm²（等同 OPGW 光缆和配套的 LGJ-70/40 导线）。

2）有下列情况之一者，应经验算合格，并经厂（局）主管生产领导（总工程师）批准后才能进行：①在孤立档距的导、地线上的作业；②在有断股的导、地线上的作业；③在有锈蚀的地线上的作业；④在其他型号导、地线上的作业；⑤二人以上在同档同一根导、地线上的作业。

要保证在导、地线上挂梯或飞车作业的安全，必须使导、地线符合规定的综合抗拉强度。而孤立档距的两杆塔处承受力与直线杆塔有很大不同，需要对整体（含杆塔）承受的侧向力进行核算。导、地线有锈蚀或断股，会使原来的有效截面减小，抗拉能力降低。《电力安全工作规程》未予指明的其他型号导、地线及载荷增加超重和一切变动的因素、非一般情况等，都必须经过验算导、地线强度并证明合格后，方可挂梯作业。

3）在导、地线上悬挂梯子前，必须检查本档两端杆塔处导、地线的紧固情况。挂梯载荷后，导线及人体对地线的最小间距应比表 8-1 中的数值增大 0.5m。导线及人体对被跨越的电力线路、通信线路和其他建筑物的最小距离应比表 8-1 的安全距离增大1m。

在导、地线上挂梯，由于集中载荷的作用，必然使导线的弛度增大。另外，工作中，人及梯子处于运动状态，考虑安全距离时应留有正常活动范围及人体进入强电场作业会引起作业地点周围电场分布发生变化，使空气绝缘的放电分散性增大。为保证工作时的人身安全，故作上述规定。

4）在瓷横担线路上严禁挂梯作业，在转动横担的线路上挂梯前应将横担固定。

（8）等电位作业人员在作业中严禁用酒精、汽油等易燃品擦拭带电体及绝缘部分，防止起火。

8.2.5 等电位作业安全注意事项

（1）所穿屏蔽服必须符合要求。屏蔽服的技术指标（屏蔽效率、衣料电阻、熔断电流、耐电火花、耐燃、耐洗涤、耐汗蚀、耐磨等）、性能指标（衣服电阻、手套、短袜及鞋子电阻、戴帽后外露面部场强、整套屏蔽服连接后最远端间的电阻、人穿屏蔽服后流过人体电流、头顶场强、衣内胸前胸后场强及温升）均应满足规定要求。

（2）带电作业时未屏蔽的面部或颈部不得先接触高压带电体。当人体进行电位转移时，为防止电击，未屏蔽的面部或颈部不得先接触高压带电导体，应用已屏蔽的手先接触导体，且动作要快。

（3）带电作业时，不允许电容电流通过屏蔽服。在等电位作业断开或接通电气设备时，即使电容电流很小，也不允许电容电流通过屏蔽服。

（4）挂梯前，检查绝缘梯应完好。

 做中学，学中做

（1）测试屏蔽服的电阻值。

（2）穿屏蔽服，将各部分可靠连接。

8.3 高架绝缘斗臂车带电作业

8.3.1 高架绝缘斗臂车

高架绝缘斗臂车多数用汽车发动机和底盘改装而成。它安装有液压支腿，将液压斗臂安装在可以旋转360°的车后活动底盘上，成为可以载人进行升降作业的专用汽车。绝缘斗臂用绝缘性能良好的材料制成，采用折叠伸缩结构，电力系统借助高架绝缘斗臂车带电作业，减轻了作业人员的劳动强度，改善了劳动条件，并且使一些因间隔距离小用其他工具很难实施的项目作业得以实现。

8.3.2 高架绝缘斗臂车带电作业安全规定

用高架绝缘斗臂车进行带电作业时，应遵守下列安全规定：

（1）使用前应认真检查，并在预定位置空斗试操作一次，确认液压传动、回转、升降、伸缩系统工作正常，操作灵活，制动装置可靠，方可使用。

（2）绝缘臂的有效绝缘长度应大于表 8-7 的规定，并应在其下端装设泄漏电流监视装置。

表 8-7 绝缘臂的最小有效绝缘长度

电压等级（kV）	10	35、63(66)	110	220	330
长度（m）	1.0	1.5	2.0	3.0	3.8

绝缘臂在荷重作业状态下处于动态过程中，绝缘臂铰接处结构容易被损伤，出现不易被发现的细微裂纹，虽然对机械强度无

甚影响。但会引起耐电强度下降，其表现在带电作业时，绝缘斗臂的绝缘电阻下降，泄漏电流增加。因此，带电作业时，在绝缘臂下端装设泄漏电流监视装置是很有必要的。在实际工作中，除严格执行有关监视、检查的规定外，还应遵守安全距离的规定。

（3）绝缘臂下节的金属部分，在仰起回转过程中，对带电体的距离应按表 8-1 的规定值增加 0.5m。工作中车体应良好接地。

表 8-1 规定的人身与带电体应保持的安全距离是一个最小的静态界限，且间隙空气绝缘是稳定的。一般作业时，只要按章操作并严格监护，不会出现危险接近和失常的情况，而绝缘斗臂下节的金属部分，因外形几何尺寸与活动范围均较大，操动控制仰起回转角度难以准确掌握，存在状态失控的可能。绝缘斗体积较大，介入高压电场导体附近时，下部机车喷出的油烟会对空气产生扰动和性能影响，使间隙的气体放电电压下降，分散性变大。因而必须综合考虑绝缘斗臂下的金属部分对带电体的安全距离。

（4）绝缘斗用于 10～35kV 带电作业时，其壁厚及层间绝缘水平应满足耐电压的规定。

要将强电场与接地的机械金属部分隔开，绝缘斗及斗臂绝缘应有足够的耐电强度，要求与高压带电作业的绝缘工具一样，对斗臂和层间绝缘分别按周期进行耐压试验，试验项目及标准满足规定。

8.3.3　操作绝缘斗臂车注意事项

操作绝缘斗臂车进行专业工作属于带电作业范畴，应与带电作业同样严格要求。故要求操作绝缘斗臂的人员应熟悉带电作业的有关规定、熟练掌握斗臂车的操作技术。由于操作斗臂车直接关系高空作业人员的安全，所以，操作斗臂车的人员应经专门培训，在操作过程中，不得离开操作台，且斗臂车的发动机不得熄火，防止意外情况发生时能及时升降斗臂，以免造成压力不足，机械臂自然下降而引发作业事故。

8.4　低压带电作业

低压系指对地电压在 250V 及以下的电压。低压带电作业是指在不停电的低压设备或低压线路上的工作。

对于一些可以不停电的工作，没有偶然触及带电部分的危险工作，或作业人员使用绝缘辅助安全用具直接接触带电体及在带电设备外壳上的工作，均可进行低压带电作业。虽然低压带电作业的对地电压不超过 250V，但不能理解为此电压为安全电压，实际上交流 220V 电源的触电对人身的危害是严重的，特别是低压带电作业使用很普遍，为防止低压带电作业对人身的触电伤害，作业人员应严格遵守低压带电作业有关规定和注意事项。

【案例 8-5】　1980 年 6 月 26 日，浙江省某电力公司外线工冯××，在进行某低压线路带电搭火作业时，将工具随便放在横担抱箍的螺栓间，拿工具时不慎触及带电导线，触电死亡。

8.4.1　低压设备带电作业安全规定

在低压设备上带电作业，应遵守下列规定：

（1）在带电的低压设备工作，应使用有绝缘柄的工具、工作时应站在干燥的绝缘垫、绝缘站台或其他绝缘物上进行，严禁使用锉刀、金属尺和带有金属物的毛刷、毛掸等工具。使用有绝缘柄的工具，可以防止人体直接接触带电体；站在绝缘垫上工作，人体即使触及带电体，也不会造成触电伤害。低压带电作业时使用金属工具，金属工具可能引起相同短路或对地短路事故。

（2）在带电的低压设备上工作时，作业人员应穿长袖工作服，并戴手套和安全帽。戴手套可以防止作业时手触及带电体。戴安全帽可以防止作业过程中头部同时触及带电体及接地的金属盘架，造成头部接近短路或头部碰伤；穿长袖工作服可防止手臂同时触及带电和接地体引起短路和烧伤事故。

（3）在带电的低压盘上工作时，应采取防止相间短路和单相接地短路的绝缘隔离措施。在带电的低压盘上工作时，为防止人体或作业工具同时触及两相带电体或一相带电体与接地体，在作业前将相与相间或相与地（盘构架）间用绝缘板隔离，以免作业过程中引起短路事故。

（4）严禁雷、雨、雪天气及六级以上大风天气在户外带电作业，也不应在雷电天气进行室内带电作业。

雷电天气，系统容易引起雷电过电压，危及作业人员的安全，不应进行室内外带电作业；雨雪天气，气候潮湿，不宜带电作业。

（5）在潮湿和潮气过大的室内，禁止带电作业；工作位置过于狭窄时，禁止带电作业。

（6）低压带电作业时，必须有专人监护。带电作业时由于作业场地、空间狭小，带电体之间、带电体与地之间绝缘距离小，或由于作业时的错误动作，均可能引起触电事故，因此，带电作业时，必须有专人监护；监护人应始终在工作现场，并对作业人员进行认真监护，随时纠正不正确的动作。

8.4.2　低压线路带电作业安全规定

在400V三相四线制的线路上带电作业时，应遵守下列规定：

（1）上杆前应先分清相、中性线，选好工作位置。在登杆前，应在地面上先分清相、中性线，只有这样才能选好杆上的作业位置和角度。在地面辨别相、中性线时，一般根据一些标志和排列方向、照明设备接线等进行辨认。初步确定相、中性线后，可在登杆后用验电器或低压试电笔进行测试，必要时可用电压表进行测量。

（2）断开低压线路导线时，应先断开相线，后断开中性线。搭接导线时，顺序应相反。三相四线制低压线路在正常情况下接有动力、照明及家电负荷。当带电断开低压线路时，如果先断开中性线，则因各相负荷不平衡使该电源系统中性点会出现较大偏移电压，造成中性线带电，断开时会产生电弧，因此，断开四根线均会带电断开。故应按规定，先断相线，后断中性线。接通时，先接中性线，后接相线。

（3）人体不得同时接触两根线头。带电作业时，若人体同时接触两根线头，则人体串入电路造成人体触电伤害。

（4）高低压同杆架设，在低压带电线路上工作时，应先检查与高压线的距离，采取防止误碰带电高压线或高压设备的措施。在低压带电导线未采取绝缘措施时，工作人员不得穿越。

高低压同杆架设，在低压带电线路上工作时，作业人员与高压带电体的距离不小于安全距离的规定。还应采取以下措施：

1）防止误碰、误接近高压导线的措施。

2）登杆后在低压线路上工作，防止低压接地短路及混线的作业措施。

3）工作中在低压导线上穿越的绝缘隔离措施。

4）严禁雷、雨、雪天气及六级以上大风天气在户外低压线路上带电作业。

5）低压线路带电作业，必须设专人监护，必要时设杆上专人监护。

【案例8-6】　1979年2月8日，湖北省某供电局变电工去检修二班在进行低压线路整改时，工人阮××在搭火时违反安全规程，先搭接相线，后搭接中性线。阮××在接中性线时发现中性线有电，停电时又停错电源，最终导致阮××因触及带电中性线而触电，并从2.4m高处坠地死亡。

8.4.3　低压带电作业注意事项

（1）带电作业人员必须经过培训并考试合格，工作时不少于2人。

（2）严禁穿背心、短裤，穿拖鞋带电作业。

（3）带电作业使用的工具应合格，绝缘工具应试验合格。

（4）低压带电作业时，人体对地必须保持可靠的绝缘。

（5）在低压配电盘上工作，必须装设防止短路事故发生的隔离措施。

（6）只能在作业人员的一侧带电，若其他还有带电部分而又无法采取安全措施者，则必须将其他侧电源切断。

（7）带电作业时，若已接触一相线，要特别注意不要再接触其他相线或中性线（或接地部分）。

（8）带电作业时间不宜过长。

8.5 带电作业工具的保管与试验

8.5.1 带电作业工具的保管

（1）带电作业工具应置于通风良好、备有红外线灯泡或去湿设施的清洁干燥的专用房间存放。

（2）高架绝缘斗臂车的绝缘部分应有防潮保护罩，并应存放在通风、干燥的车库内。

（3）在运输过程中，带电作业绝缘工具应装在专用工具袋、工具箱或专用工具车内，以防受潮和损伤。

（4）不合格的带电作业工具应及时检修或报废，不得继续使用。

（5）发现绝缘工具受潮或表面损伤、脏污时，应及时处理并经试验合格后方可使用。

（6）使用工具前，应仔细检查其是否损坏、变形、失灵，并使用 2500V 绝缘电阻表或绝缘检测仪进行分段绝缘检测（电极宽 2cm，极间宽 2cm），阻值应不低于 700MΩ。操作绝缘工具时，应戴清洁、干燥的手套，并应防止绝缘工具在使用中脏污和受潮。

（7）带电作业工具应设专人保管，登记造册，并建立每件工具的试验记录。

8.5.2 带电作业工具的试验

（1）带电作业工具应定期进行电气试验及机械试验。其试验周期为：

电气试验：预防性试验每年一次，检查性试验每年一次，两次试验间隔半年。

机械试验：绝缘工具每年一次，金属工具两年一次。

（2）绝缘工具电气试验项目及标准见表 8-8。操作冲击耐压试验宜采用 $250/2500\mu s$ 的标准波，以无一次击穿、闪络为合格。

表 8-8 绝缘工具的试验项目及标准

额定电压（kV）	试验长度（m）	1min 工频耐压（kV）		3min 工频耐压（kV）		15 次操作冲击耐压（kV）	
		出厂及型式试验	预防性试验	出厂及型式试验	预防性试验	出厂及型式试验	预防性试验
10	0.4	100	45	—			
35	0.6	150	95	—			
66	0.7	175	175	—			
110	1.0	250	220	—			
220	1.8	450	440	—			
330	2.8	—	—	420	380	900	800
500	3.7	—	—	640	580	1175	1050
750	4.7	—	—	—	780	—	1300
1000	6.3	—	—	1270	1150	1865	1695
±500	3.2	—	—	—	565	—	970
±660	4.8	—	—	820	745	1480	1345
±800	6.6	—	—	985	895	1685	1530

注 ±500kV、±660kV、±800kV 预防性试验采用 3min 直流耐压。

工频耐压试验以无击穿、无闪络及无过热为合格。

高压电极应使用直径不小于 30mm 的金属管，被试品应垂直悬挂。接地极的对地距离为 1.0～1.2m。接地极及接高压的电极（无金具时）处，以 50mm 宽金属铂缠绕。试品间距不小于 500mm，单导线两侧均压球直径不小于 200mm，均压球距试品不小于 1.5m。

试品应整根进行试验，不得分段。

（3）绝缘工具的检查性试验条件是：将绝缘工具分成若干段

进行工频耐压,每 300mm 耐压 75kV,时间为 1min,以无击穿、闪络及过热为合格。

(4)组合绝缘的水冲洗工具应在工作状态下进行电气试验,除按表 8-8 的项目和标准外,还应增加工频泄漏试验,试验电压见表 8-9。泄漏电流以不超过 1mA 为合格,试验时间 5min。试验时的水电阻率为 1500Ω·cm(适用于 220kV 及以下电压等级)。

表 8-9   组合绝缘的水冲洗工具工频泄漏试验电压值   (kV)

额定电压	10	35	66	110	220
试验电压	15	46	80	110	220

(5)带电作业工具的机械预防性试验标准:

1)静荷重试验:1.2 倍额定工作负荷下持续 1min,工具无变形及损伤者为合格。

2)动荷重试验:1.0 倍额定工作负荷下操作 3 次,工具灵活、轻便,无卡住现象者为合格。

(6)整套屏蔽服装各最远端点之间的电阻值均不得大于 20Ω。

第9章

电 气 防 火 防 爆

在电力生产过程中，不可避免地存在许多引起火灾和爆炸的因素。例如：电气设备的绝缘大多数是采用易燃物（绝缘纸、绝缘油等）组成，火电厂的煤、煤粉及发电机冷却用的氢气等都是易燃易爆物质，它们在导体经过电流时的发热、开关产生的电弧及系统故障时产生的火花的作用下，发生火灾和爆炸。若不采取切实的预防措施及正确的扑救方法，则会酿成严重的灾难。本章介绍电气火灾和爆炸的原因、特点、预防措施及扑救方法。

职业岗位群应知应会目标：

（1）了解火灾和爆炸的基本概念；

（2）了解危险物品的种类；

（3）了解危险环境的种类；

（4）熟悉易燃易爆的环境；

（5）掌握电气火灾和爆炸的引燃条件；

（6）了解电气防火防爆的一般措施；

（7）熟悉电气设备发生火灾和爆炸的原因；

（8）掌握预防电气设备火灾和爆炸的措施；

（9）掌握一般灭火方法；

（10）了解常用灭火器的种类；

（11）掌握扑灭电气火灾的注意事项。

9.1　电气火灾和爆炸

【案例 9-1】　1988 年 1 月 23 日，某发电厂发生一起厂用

6kV 绝缘母线接地短路，造成大量电缆着火烧损事故。事故扩大，导致机组停运，500kV 变电站停运，电厂与系统解列。

事故前，某电厂 8 台机组有 4 台运行，即 1、3、4、5 号运行，2、6 号检修，7、8 号在做检修后的启动准备，全厂总有功负荷 650MW。7、8 号机的启动电源分别由 3、4 号启动变压器经 6kV 绝缘母线供电。当日按计划先启动 7 号机，在 7 号机启运过程中，12 时 40 分，4 号启动变压器 6kV 侧母线发生多点接地，紧接着在其绝缘母线的—4.5m 电缆层处又发生多点接地短路，并有爆炸声，随即将跨越的三处电缆架上的电缆引燃，火焰迅速扩展开 30 余米，致使 7 号机被迫停止启动，5 号机停机，8 号机失去控制电源而无法启动。500kV 变电站各主变压器冷却电源中断，主变压器被迫停运，电厂 500kV 变电站与系统解列。15 时左右将大火扑灭。

此次事故共烧毁电气热工各种动力控制电缆 1500m，低压配电盘 7 面。

9.1.1　火灾和爆炸的基本概念

1. 火灾

火灾是在时间或空间上失去控制的燃烧所造成的灾害。可燃物在空气中的燃烧是最普遍的现象，因而绝大多数火灾都是发生在空气中的。

燃烧其实质是伴随有热和光的强烈的氧化反应。它的发生必须具备三个基本要素：可燃物质、助燃物质（氧化剂）和着火源。

凡能与空气中的氧或其他氧化剂起剧烈化学反应的物质都称可燃物质。如木材、纸张、煤等是固体可燃物；甲烷、乙炔、氢等是气体可燃物；酒精、绝缘油等是液体可燃物。

具有较强的氧化性，能与可燃物发生化学反应并引起燃烧的物质，称为助燃物质。例如：空气、氧气等。

具有一定温度和热量、能引起可燃物质着火的能源，称为着火源。例如：明火、灼热物体、电火花、电弧等。着火源不参加燃烧，但它是可燃物质与助燃物进行燃烧的化学反应的起始条件。

以上三个要素，必须同时存在并相互作用才能发生燃烧，缺一不可。

2. 燃点和闪点

（1）燃点。可燃物质只有在一定温度条件下与助燃物质接触，遇明火才能产生燃烧。使可燃物质遇明火燃烧的最低温度称为该物质的燃点。不同的可燃物质有不同的燃点。

（2）闪点。一般情况下，可燃物在有助燃物的条件下，遇明火达到或超过燃点便产生燃烧，当火源移去后，燃烧仍会继续下去。但可燃液体的蒸气或可燃气体与助燃物接触时，在一定的温度条件下，遇明火并不立即燃烧，只发生闪烁现象，当火源移去时，闪烁自然停止。这种使可燃物遇明火发生闪烁而不引起燃烧的最低温度称为该物质的闪点。

显然，同一物质的闪点比燃点低。由于液体可燃物质燃烧首先要经过"闪"，然后才是"燃"，故衡量液体、气体可燃物燃烧爆炸的主要参数是闪点。闪点越低，形成火灾和爆炸的可能性越大。

（3）自燃及自燃点。可燃物质受热升温而不需明火作用就能自行着火的现象称为自燃。引起物质自燃的最低温度称为自燃点，又称该物质的自燃温度。

根据促使可燃物质升温的热量来源不同，自燃可分为受热自燃和本身自燃两类。可燃物质由于外界加热，温度升高至自燃点而发生自行燃烧的现象，称受热自燃。例：纸张等物质因为受热温度升高到333℃以上时自燃。可燃物质由于本身的化学反应、物理或生物作用而产生的热量，使温度升高至自燃点而发生自行燃烧的现象，叫本身自燃。本身自燃不需要外界热源，在常温下，甚至低温下也能发生，因而其危险性较受热自燃的危险性更大。例如，火电厂煤厂的煤或煤粉在空气中与氧气发生氧化反应，产生热量引起自燃，应引起足够的重视。

3. 火灾的分类

《火灾分类》（GB/T 4968—2008）火灾根据可燃物的类型和燃烧特性，分为 A、B、C、D、E、F 六大类。

A 类火灾：指固体物质火灾。这种物质通常具有有机物质性质，一般在燃烧时能产生灼热的余烬。如木材、干草、煤炭、棉、毛、麻、纸张等火灾。

B 类火灾：指液体或可熔化的固体物质火灾。如煤油、柴油、原油、甲醇、乙醇、沥青、石蜡、塑料等火灾。

C 类火灾：指气体火灾。如煤气、天然气、甲烷、乙烷、丙烷、氢气等火灾。

D 类火灾：指金属火灾。如钾、钠、镁、钛、锆、锂、铝镁合金等火灾。

E 类火灾：指带电火灾。物体带电燃烧的火灾。

F 类火灾：指烹饪器具内的烹饪物（如动植物油脂）火灾。

【案例 9-2】 某电厂自 1985 年 5 月 18 日起，多次发现备用的 23 号炉粉仓温度高，经多次启运 23 号炉，使粉仓粉位下降，粉仓温度曾有所下降，6 月 1 日上午，煤粉仓温度降至 65℃。锅炉分场分管运行工作的副主任组织检修人员将 5、6 号给粉机及其下粉管堵塞处理好；16 时锅炉点火，先烧 5、6 号给粉机存粉，又将 1～4 号给粉机重新转一次，于 18 时 20 分确认 1～6 号给粉机全部来粉后，将给粉机下粉挡板全部关闭，当时粉仓内温度为 89℃。于 18 时 30 分至 19 时开粉仓吸潮管通风，温度由89℃降至 83℃后呈稳定状态。此时，18 号炉吸风机振动大，急需停下处理，21、24 号炉的炉膛结焦情况严重也需处理，运行副主任想尽早将 23 号炉投入运行，以免影响发电，于是同值长、班长等研究，决定往 23 号炉煤粉仓送粉，班长当时提出粉仓温度没下来不太合乎规定，不能送粉，并让其回家休息。19 时 20分运行副主任在现场通过值长要通厂长家里电话说要进行送粉，并预计最坏情况也只是防爆门鼓开。但没有说明煤粉仓已进行通风和班长等人提出不合乎规定等情况，厂长当时用电话询问现场情况，并强调一定要做好几项防止爆炸伤人的措施。19 时 30 分，23 号炉司炉令第二副司炉带领实习人员到 44 号输煤皮带间操作 23～26 号炉送粉机，由 24、25 号炉 1 号制粉系统同时往 23 号煤粉仓送粉，当操作完 24 号炉 1 号制粉系统的送粉挡板时，19 时 35 分，23 号炉煤粉仓爆炸，将粉仓入孔门崩掉，大量的煤粉火焰从粉仓内喷出，将 2 人烧伤。与此同时，由于爆炸所产生的气浪将 44 号输煤皮带值班员推倒，下颌碰伤共缝合十六针，44 号输煤皮带间的一段南北墙和东头墙倒塌，西头墙位移 200mm，输油管被砸弯。

4. 爆炸

物质发生剧烈的物理或化学变化，瞬间释放大量的能量，产生高温高压气体，使周围空气发生猛烈震荡而发生巨大声响的现象称为爆炸。爆炸的特征是物质的状态或成分瞬间变化，温度和压力骤然升高，能量突然释放。爆炸往往是与火灾密切相关的。火灾能引起爆炸，爆炸后伴随发生火灾。

根据爆炸性质的不同，爆炸可分物理性爆炸，化学性爆炸和核爆炸三类。

（1）物理性爆炸。由于物质的物理变化如温度、压力、体积等的变化引起的爆炸。物理爆炸过程不产生新的物质，完全是物理变化过程。如蒸气锅炉、蒸气管道的爆炸，是由于其压力超过锅炉或管道能承受的极限压力所引起的。物理性爆炸一般不会直接发生火灾，但能间接引起火灾。

（2）化学性爆炸。物质在短时间完成化学反应，形成其他物质，产生高温高压气体而引起的爆炸。其特点是：这种爆炸过程中含化学变化过程且速度极快，有新的物质产生，伴随有高温及强大的冲击波。例如梯恩梯（TNT）炸药、氢气与氧气混合物的爆炸，其破坏力极强。由于化学性爆炸内含剧烈的氧化反应，伴随发光、发热现象，故化学性爆炸能直接引起火灾。

化学性爆炸的产生必须同时具备三个基本条件，即可燃物质、可燃物质与空气（氧气）混合、引起爆炸的引燃能量。这三个条件共同作用，才能产生化学性爆炸。

（3）核爆炸。物质的原子核在发生"裂变"或"聚变"的链式反应瞬间放出大量能量而引起的爆炸，例如原子弹、氢弹的爆炸。爆炸时产生极高的温度和强烈的冲击波，同时伴随有核辐射，具有极大的破坏性。

【案例 9-3】 1988 年 4 月 30 日 10 时 57 分，某热电厂 8 号炉（WGI220/100-7 型燃油炉）在计划小修完工后，准备启动时焦炉瓦斯经分闸门漏入炉膛，检修人员在进行扩大点火孔面积而动用明火作业时，引起炉膛聚积的瓦斯爆炸，炉膛四角，尾部烟道，膨胀节开裂，巨大的爆炸力（能）使锅炉右后立柱炸弯并断裂，钢架失稳。由于锅炉四根立柱先后破坏，大板梁及其他横梁与立柱连接处开焊，悬挂在大板梁上的炉体塌落，大板梁、汽包、所有受热面、炉外管道包括平台楼梯全部向下向后移，回转式空气预热器下沉，部分水泥楼板，厂房水泥立柱损坏。锅炉控制盘，锅炉辅机及附属管道也同时受到损伤，造成 6 人受伤的特大事故。

5. 爆炸性混合物和爆炸极限

（1）爆炸性混合物。可燃气体、可燃液体的蒸气、可燃粉尘或化学纤维与空气（氧气、氧化剂）混合，其浓度达到一定的比例范围时，便形成了气体、蒸气、粉尘或纤维的爆炸混合物。能够形成爆炸性混合物的物质，叫爆炸性物质。

（2）爆炸极限。由爆炸性物质与空气（氧气或氧化剂）形成的爆炸性混合物浓度达到一定数值时，遇到明火或一定的引爆能量立即发生爆炸，这个浓度称为爆炸极限。可燃气体、液体的蒸气爆炸极限是以其在混合物中的体积的百分比（%）来表示的；可燃粉尘、纤维的爆炸极限是以可燃粉尘、纤维占混合物中单位体积的质量（g/m^3）来表示的。

爆炸极限又分爆炸上限和爆炸下限。浓度高于上限时，空气（氧气或氧化剂）含量少了，浓度低于下限时，可燃物含量不够，都不能引起爆炸，只能着火燃烧。

爆炸极限不是一个固定值，它与很多因素如环境温度、混合物的原始温度，混合物的压力、火源强度、火源与混合物的接触时间等有关。

9.1.2 危险物品与危险环境

1. 危险物品

凡能与氧气发生强烈氧化反应，瞬间燃烧产生大量热量和气体，并以很大压力向四周扩散而形成爆炸的物质均属危险物品。按其化学性质不同，可以分以下七类：

（1）爆炸物品。这类物品具有强烈的爆炸性，在常温下即有缓慢的分解，形成爆炸性混合物，当受热、摩擦、冲击时就发生剧烈的氧化反应而爆炸，按爆炸混合物的状态不同又可分为：

1）可燃气体与空气形成的爆炸性混合物，氢氧混合物，其他可燃气体与氧的混合物。

2）易燃液体的蒸气与空气形成的混合物，此类混合物常称为蒸气爆炸性混合物。

3）悬浮状可燃粉尘或纤维与空气形成的混合物，如导火索、雷管、炸药、鞭炮等。

（2）易燃或可燃液体。这类物品容易挥发，能引起火灾和爆炸，如汽油、煤油、液化气等。

（3）易燃或助燃气体。这类物品受热、受冲击或遇电火花即能引起火灾和爆炸，如氢气、煤气、乙炔、氨等气体。

（4）自燃物品。这类物品燃点低、燃烧不需外界能量，在一定条件下，自身产生热量而燃烧，如黄磷、硝化纤维、胶片、油纸、煤等。

（5）遇水燃烧物品。这类物品遇水分解出可燃气体，并放出热量，引起燃烧和爆炸，如钠、碳化钙、锌粉、钙等。

（6）易燃固体。这类物品受热、冲击或摩擦，同时与氧化剂接触时能引起燃烧和爆炸，如红磷、硝化纤维素、硫黄等。

（7）氧化剂。这类物品本身不能燃烧，但具有很强的氧化能力，当它与可燃物品接触时，造成可燃物氧化而引起燃烧和爆炸，如过氯酸钾、过氯化氢、重铬酸盐等。

2. 危险环境

（1）爆炸危险环境。能形成爆炸性混合物或爆炸性混合物侵入能引起爆炸的环境称为爆炸危险环境，按危险物品的状态可将爆炸危险环境分为爆炸性气体环境危险区域和爆炸性粉尘环境危险区域。

爆炸性气体环境危险区域内含有易燃气体、易燃液体的蒸气或者薄雾与空气混合形成的爆炸性混合物。

爆炸性粉尘环境危险区域内含有爆炸性粉尘、可燃性导电粉尘、可燃性非导电粉尘、可燃纤维与空气形成的爆炸性混合物。

（2）火灾危险环境。不可能形成爆炸性混合物，但可燃物质在数量和配置上能引起火灾的环境称为火灾危险环境。

9.1.3 电力企业生产过程主要存在的火灾危险因素

1. 燃料

（1）火电厂燃煤主要有无烟煤、烟煤、褐煤等，由于碳及煤炭中所含的黄铁矿和氧气发生氧化反应，缓慢氧化所释放的热量常能导致煤的自燃。还常因在皮带机、磨煤机处产生火星而导致火灾的发生。另外，煤粉管泄露煤粉很容易形成爆炸性粉尘，造成火灾爆炸事故。特别要关注褐煤：褐煤反应性强，孔隙率较高，氧含量较高，一般为 $15\% \sim 30\%$，是一种化学活性较强的煤种。只要将褐煤暴露在空气中，就会开始其氧化升温，温度越高，氧化速度越快。当温度升高至某一值时，就会发生自燃。褐煤升温过程是先缓后急，从常温 $20℃$ 升温到 $35℃$，至少需要 1 个月的时间，由 $35℃$ 升高到 $60℃$，一般只需要 $3 \sim 5$ 天，再由 $60℃$ 升温到燃点 $284℃$，时间不超过 24h。因此，褐煤的储存显得很重要。

（2）燃油（普通柴油）：普通柴油属于石油产品，具有易燃、易爆、易产生静电、易受热沸腾、易受热膨胀突溢、易蒸发等特性。普通柴油闪点比较低（大于或等于55℃），遇明火、高热或与氧化剂接触，有引起燃烧爆炸的危险。按照《建筑设计防火规范》（GB 50016—2006）对生产储存物品的火灾危险性分类，柴油属于乙类。

火力发电厂燃油一般都是通过输油管道直接由油罐输送至锅炉，其火灾危险性存在燃油罐区、输油管道和炉前燃油系统。

（3）天然气：燃气轮机使用的天然气的主要成分为碳氢化合物，主要有甲烷、乙烷、丙烷、丁烷、氢、氮及一氧化碳等的混合物。火灾危险性主要表现在输送天然气的管道都是高压管道，一旦管道破裂导致天然气泄漏，和空气混合形成爆炸性混合气体，遇明火极易形成火灾爆炸事故。

【案例9-4】 2012年6月6日14时许，北京某热电有限公司厂区内，启动锅炉房附属建筑增压站MCC控制间内发生燃气爆燃事故，造成2人死亡、1人重伤。

事故原因是该热电有限公司发电部运行丙值巡检员黄某违章操作，在实施管线燃气置换作业后，未按要求关闭一次阀（截止阀）、二次阀（手动球阀），致使天然气逆流至氮气管线系统，在氮气瓶间放散，并通过墙体裂缝扩散至增压站MCC控制间，遇配电柜处点火源发生爆燃。

2. 锅炉系统

大型电站锅炉多数是煤粉炉。存在的主要火灾危险性表现在：

（1）当锅炉燃烧不良，使炉膛内没有完全燃烧的油粒或煤粉被烟气带到锅炉房尾部烟道上受热而发生二次燃烧事故。

（2）由于锅炉区域内布置的输送煤粉或燃油的管道以及高温高压的蒸汽管道，如果引起泄露也会导致火灾的发生。

（3）在锅炉内，由于燃料（煤粉和燃油）的氧化、自燃及粉尘爆炸能也能造成严重的火灾爆炸事故。

【**案例 9-5**】　2016 年 2 月 28 日，某电厂新投产 660MW 机组，由于炉膛掉焦正压灭火，投油助燃导致炉膛内发生爆燃。

3. 汽轮发电机组

汽轮机是利用过热蒸汽推动叶轮带动机轴转动，再带动发电机发电的重型机械。汽轮机车肚下面有许多粗细不同的蒸汽管道和加热器，而用以调节和润滑汽轮机的透平油管又纵横交错敷设在蒸汽管道之间，而透平油极易燃烧，若发生渗油漏油现象极易引起火灾事故；每个机组还设有主油箱，储油量可达数万公斤，若发生渗油漏油现象，也能引起火灾事故。另外，蒸汽管道一旦发生泄露，高温、高压蒸汽能将相邻的电缆烤焦，引起线路短路，从而引起火灾事故。

氢冷式汽轮发电机组中的氢气是一种可燃气体，爆炸极限低，不论机组任何部位发生漏气，遇明火或高温都极易燃烧爆炸。

【**案例 9-6**】　2018 年 11 月 12 日，某电厂在停机过程中发生一起由于三相隔离开关未分闸到位，引起发电机反送电后，造成发电机转子剧烈振动，导致密封瓦磨损，氢气外泄，发生氢爆，造成厂房顶棚塌落。

4. 电气系统

（1）电力电缆因敷设使用不当，受震动拉扯等外力作用，被化学腐蚀，长期超负荷运行，受潮、受热等导致绝缘层损坏，发生短路而引起电缆火灾。电缆沟内障碍物一般较多，通道路狭小，一旦发生火灾，电缆沟内烟火弥漫，灭火极其困难。

（2）变压器等电气设备：由于制造质量问题及内部发生故障，如线圈损坏、长期过负荷而使绝缘老化、绝缘油欠佳、导体连接不良、雷击或外界火源等影响，都可使变压器等设备轻则喷油起火，重则由于高温而使油分解裂化，压力急增造成爆炸。

9.1.4　电力企业主要火灾、爆炸原因

引发电气火灾和爆炸要具备两个条件，即有易燃易爆的环境和引燃条件。

1. 易燃易爆环境

在发电厂、变电站等电力生产场所，广泛存在易燃易爆物质，许多地方潜伏着火灾和爆炸的可能性。

（1）煤场。燃煤电厂要消耗大量的原煤。煤场上堆积的原煤在环境温度高时，特别是夏天，会发生原煤自燃，引起火灾。

（2）输煤及制粉系统。输煤及制粉系统会产生大量的煤粉，与空气中的氧混合易引起火灾和爆炸。

（3）电厂锅炉炉膛内有未燃尽的煤粉和可燃气体，炉膛检修动火时容易引起膛内爆炸。

（4）天然气罐和输气管道。有些电厂用天然气为能源，当天然气罐或管道泄漏时容易引起火灾和爆炸。

（5）油库及用油设备。发电厂要消耗大量的原油、工业用油。如燃料油、汽轮机润滑油、变压器油、油断路器油。油库及用油设备均容易发生火灾和爆炸。

（6）制氢站及氢气系统。发电机运行需用氢气冷却，制氢站不断地向发电机提供冷却用氢气，若发生氢气泄漏，氢气与氧气的混合气体达到爆炸极限时，遇明火而发生氢气爆炸。制氢站、输气管道、发电机氢气系统都是容易发生爆炸的危险环境。

（7）其他。发电厂、变电站大量使用电缆，电缆本身是由易燃的绝缘材料制成的，故电缆沟、电缆夹层和电缆隧道容易发生电缆火灾；发电厂、变电站使用的烘房、烘箱、电热设备、乙炔发生站、氧气瓶库、化学药品库都容易发生火灾或爆炸。

2. 引燃条件

电气系统和电气设备正常和事故情况下都可能产生电气着火源，来作为火灾和爆炸的引燃条件。电气着火源可能产生原因见表9-1。

表 9-1 电气着火源产生原因

电气设备或电气线路过热	由于导体接触不良、电力线路或设备过载、短路、电气产品制造和检修质量不良造成运行时铁芯损耗过大、转动机械长期相互摩擦、设备通风散热条件恶化等原因都会使电气线路或设备整体或局部温度过高。若其周围存在易燃易爆物质则会引发火灾和爆炸
电火花和电弧	电气设备正常运行时,如开关的分合、熔断器熔断、继电器触点动作均会产生电弧;运行中的发电机的电刷与滑环、直流电机电刷与整流子间也会产生或大或小的电火花;绝缘损坏时发生短路故障、绝缘闪络、电晕放电时产生电弧或电火花。另外,电焊产生的电弧,使用喷灯产生的火苗等都为火灾和爆炸提供了引燃条件
静电	两个不同性质的物体相互摩擦,可使两个物体带上异种电荷;处在静电场内的金属物体上会感应静电;施加电压后的绝缘体上会残留静电。带上静电的导体或绝缘体等当其具有较高的电位时,会使周围的空气游离而产生火花放电。静电放电产生的电火花可能引燃易燃易爆物质,发生火灾或爆炸
照明器具或电热设备使用不当、雷击	照明器具或电热设备使用不当也能作为火灾或爆炸的引燃条件,雷击易燃易爆物品时,往往也引起火灾和爆炸

发电厂、变电站生产运行过程中,存在许多的易燃易爆环境,也容易具备高温、电火花等引燃条件,故发电厂、变电站是容易发生火灾和爆炸的危险场所,必须采取有效的防范措施,防止火灾和爆炸的发生。

9.2 电气防火防爆

9.2.1 电气防火防爆的一般措施

根据电气火灾和爆炸产生的条件和原因分析,电气防火防爆一般性措施是对加强工作人员安全教育,严格执行安全操作规程;改善环境条件,降低生产场所空气中的各种易燃易爆物质浓度;强化安全管理,消除电气设备产生火灾或爆炸的着火源。

1. 改善环境条件，加强易燃易爆物质管理

（1）防止易燃易爆物质的泄漏。发电厂、变电站易燃物质的跑、冒、滴、漏是火灾和爆炸发生的根源，因此，对存有易燃易爆物质的容器、设备、管道、阀门加强密封，杜绝易燃易爆物质的泄漏，从而消除火灾和爆炸事故的隐患。

（2）保持环境卫生，保持良好通风。在有可燃易爆物质的场所，经常打扫环境卫生，保持良好通风，不仅是美化、净化环境的需要，而且是防火防爆安全的重要措施之一。经常进行对易泄漏的可燃易爆物质的清扫，保持良好的通风，把可燃易爆气体、液体、蒸气、粉尘和纤维的浓度降低到爆炸极限以下，才能达到有火不燃，有火不爆的效果。

（3）加强对易燃易爆物质的管理。发电厂、变电站中的易燃易爆物质必须严格管理，特别是对重要的煤场、油库、化学药品库、气瓶库、乙炔站、木材库等应严格管理，严禁带进火种，实行严格的进出入制度。

2. 强化安全管理、排除电气火源

排除电气火源就是消除或避免电气线路、电气设备在运行中产生电火花、电弧和高温。

（1）在易燃易爆区域内，应选用绝缘合格的导线，连接必须良好可靠、严禁明敷。导线和电源的额定电压不得低于电网的额定电压，且不得低于500V，导线截面应满足要求、防止因电流过大而使导线过热；移动电气设备应采用中间无接头的橡皮软线供电。

（2）合理选用电气设备。根据危险场所的级别，合理选用电气设备类型。特别是在易燃易爆的危险场所，应选用防爆型电气设备，例如采用防爆开关、防爆电机、防爆电缆头等，这对防止火灾和爆炸具有重大意义。

在易燃易爆危险场所，应尽量不用或少用携带型电气设备。

（3）加强对设备的运行管理。保持设备正常运行，防止设备过载过热；对设备定期检修、试验，防止因机械损伤、绝缘损坏

等造成短路。

（4）易燃易爆场所内的电气设备，其金属外壳应可靠接地或接零，以便发生碰壳接地短路时迅速切断电源，避免产生着火源。

（5）保持电气设备与危险场所的安全距离。室内外配电装置与爆炸危险场所的建筑物、易燃易爆液体、气体的贮存场所之间应保持必要的距离，必要时应加装防火隔墙。

（6）合理应用保护装置。除将电气设备可靠接地（接零外），还应有比较完善的保护。监测和报警装置，以便从技术上完善防火防爆措施。凡突然停电有可能引起火灾和爆炸的场所，必须有双电源供电，且双电源之间应装有自动切换联锁装置，当一路电源中断，另一路电源自动投入，保持供电不中断。

3. 土建的要求

电气建筑应采用耐火材料，如配电室，变压器室应满足耐火等级的要求。隔墙应采用防火材料。充油设备之间应保持防火距离，当间距不能满足要求时，其间应装设能耐火的防火隔墙；为了防止充油设备发生火灾时火势的蔓延，应为充油设备设置储油和排油设备。在容易引起火灾的环境应在显著位置装配灭火器和消防工具。

4. 防止和消除静电火花

一方面选择适当的设备或材料、限制流体速度和物体间的摩擦强度以减少静电的产生和积累，另一方面采用静电接地、抗静电添加剂、静电中和器等方法消除物体上产生的静电，避免静电火花的产生。

9.2.2 电气设备的防火防爆

1. 变压器的防火防爆

变压器是发电厂、变电站最重要的电气设备，一旦发生火灾和爆炸，不仅会造成变压器损坏，而且会造成全厂（站）停电及系统大面积停电，带来巨大的经济损失。

【案例9-7】 1989年8月5日8时25分，黑龙江某发电厂电气仪表班班长在110kV变电站外通过，发现7号主变压器散热器处起火，立即报告主控室值班员。运行、检修人员即奔赴现场救火。

由于主变压器外壳油污较多，扑救人员所用灭火器无法控制火势。为避免事故扩大，于8时28分将7号主变压器出口断路器断开，7号主变压器与系统解列。运行人员同时将主变压器高低压侧隔离开关断开。市消防队赶到与电厂职工一起将7号主变压器大火扑灭。大火将7号主变压器6只高低压套管炸裂，大火造成主变压器外罩及散热器损坏以及部分风扇电机烧损。

此次事故的起因是主变压器散热器冷却风扇电机电源线过热，将绝缘烤化造成短路打火，电弧引燃主变压器外壳的油污所致。风扇电机电源线短路是这次事故的直接原因，7号主变压器外壳油污严重是引发这次主变压器着火的又一直接原因。造成油污的原因是主变压器各胶垫质量不佳、造成过早老化，主变压器渗漏油严重。

（1）变压器的火灾及爆炸的危险性。

电力变压器一般为油浸变压器，变压器油箱内充满变压器油，变压器油是一种闪点在140℃以上的可燃液体。变压器的绕组一般采用A级绝缘，用棉纱、棉布、天然丝、纸及其他类似的有机物作绕组的绝缘材料；变压器的铁芯用木块、纸板作为支架和衬垫，这些材料都是可燃物质。因此，变压器发生火灾，爆炸的危险性很大。当变压器内部发生短路放电时，高温电弧可能使变压器油迅速分解气化，在变压器油箱中形成很高的压力，当压力超过油箱的机械强度时即产生爆炸；或分解出来的油气混合物与变压器油一起从变压器的防爆管大量喷出，可能造成火灾。

（2）变压器发生火灾和爆炸的基本原因。

1）绕组绝缘老化或损坏产生短路。变压器绕组的绝缘物：如棉纱、棉布、纸等，如果受到过负荷发热或受变压器油酸化腐蚀的作用，其绝缘性能将会发生老化变质，耐受电压能力下降，甚至失去绝缘作用；变压器制造、安装、检修过程中也可能潜伏绝缘缺陷。由于变压器绕组的绝缘老化或损坏，能引起绕组匝间、层间短路，短路产生的电弧使绝缘物燃烧。同时，电弧分解变压器油产生的可燃气体与空气混合达到一定浓度，便形成爆炸混合物，遇火花便发生燃烧或爆炸。

2）线圈接触不良产生高温或电火花。在变压器绕组的线圈与线圈之间，线圈端部与分接头之间，如果连接不好，可能松动或断开而产生电火花或电弧；当分接头转换开关位置不正，接触不良，都可能使接触电阻过大，发生局部过热而产生高温，使变压器油分解产生油气混合物引起燃烧和爆炸。

3）套管损坏爆裂起火。变压器引线套管漏水、渗油或长期积满油垢而发生闪络；电容套管制造不良、运行维护不当或运行年久，都使套管内的绝缘损坏、老化，产生绝缘击穿，电弧高温使套管爆炸起火。

4）变压器油老化变质引起绝缘击穿。变压器常年处于高温状态下运行，如果油中渗入水分、氧气、铁锈、灰尘和纤维等杂质，会使变压器油逐渐老化变质，绝缘性能降低，引起油间隙放电，造成变压器爆炸起火。

5）其他原因引起火灾和爆炸。变压器铁芯硅钢片之间的绝缘损坏，形成涡流，使铁芯过热；雷击或系统过电压使绕组主绝缘损坏；变压器周围堆积易燃物品出现外界火源；动物接近带电部分引起短路。以上诸因素均能引起变压器起火或爆炸。

（3）预防变压器火灾和爆炸的措施。

1）防火（防爆）技术措施。变压器防火（防爆）的技术措施如下：

a）预防变压器绝缘击穿。预防绝缘击穿的措施有：①安装前的绝缘检查。变压器安装之前，必须检查绝缘，核对使用条件是否符合制造厂的规定。②加强变压器的密封。不论变压器运输、存放、运行，其密封均应良好，为此，要结合检修，检查各部密封情况，必要时作检漏试验，防止潮气及水分进入。③彻底清理变压器内杂物。变压器安装、检修时，要防止焊渣、铜丝、铁屑等杂物进入变压器内，并彻底清除变压器内的焊渣、钢丝、铁屑、油泥等杂物，用合格的变压器油彻底冲洗。④防止绝缘损坏。变压器检修吊罩、吊芯时，应防止绝缘受损伤，特别是内部绝缘距离较为紧凑的变压器，勿使引线、线圈和支架受伤。⑤限制过电压值，防止因过电压引起绝缘击穿。

b）预防铁芯多点接地及短路。检查变压器时应测试下列项目：①测试铁芯绝缘。通过测试，确定铁芯是否有多点接地，如有多点接地，应查明原因，消除后才能投入运行。②测试穿芯螺丝绝缘。穿芯螺丝绝缘应良好，各部螺丝应紧固，防止螺丝掉下造成铁芯短路。

c）预防套管闪络爆炸。套管应保持清洁，防止积垢闪络；检查套管引出线端子发热情况，防止因接触不良或引线开焊过热引起套管爆炸。

d）预防引线及分接开关事故。引线绝缘应完整无损，各引线焊接良好，对套管及分接开关的引线接头，若发现有缺陷应及时处理；要去掉裸露引线上的毛刺和尖角，防止运行中发生放电；安装、检修分接开关时，应认真检查，分接开关应清洁，触头弹簧应良好，接触紧密，分接开关引线螺丝应紧固无断裂。

e）加强油务管理和监督。对油应定期作预防性试验和色谱分析，防止变压器油劣化变质；变压器油尽可能避免与空气接触。

2）防火（防爆）常规措施。除了从技术角度防止变压器发生火灾和爆炸外，还应做好变压器常规防火防爆工作，其措施有：

a）加强变压器的运行监视。运行中应特别注意引线、套管、油位、油色的检查和油温、声音的监视，发现异常，要认真分析，正确处理。

b）保证变压器的保护装置可靠运行。变压器运行时，全套保护装置应能可靠投入，所配保护装置应准确动作。保护用直流电源应完好可靠，确保故障时保护正确动作跳闸，防止事故扩大。

c) 保持变压器的良好通风。变压器的冷却通风装置应能可靠的投入和保持正常运行，以便保持运行温度不超过规定值。

d) 设置事故蓄油坑。室内、室外变压器均应设置事故蓄油坑，蓄油坑应保持良好状态，蓄油坑有足够厚度和符合要求的卵石层。蓄油坑的排油管道应通畅，应能迅速将油排出（如排入事故总贮油池），不得将油排入电缆沟。

e) 建防火隔墙或防火防爆建筑。室外变压器周围应设围墙或栅栏，若相邻间距太小，应建防火隔墙，以防火灾蔓延；室内变压器应安装在有耐火、防爆的建筑场内，并设有防爆铁门，室内一室一台变压器，且室内应通风散热良好。

f) 设置消防设备。大型变压器周围应设置适当的消防设备。如水雾灭火装置和干粉灭火器，室内可采用自动或遥控水雾灭火装置。

2. 电力电缆的防火防爆

发电厂、变电站及其工矿企业都大量使用电力电缆，一旦电缆起火爆炸将引起严重火灾和停电事故，此外，电缆燃烧时产生大量浓烟和毒气，不仅污染环境，而且危及人的生命安全。为此，应重视电力电缆的防火。

【案例 9-8】 1995 年 10 月 10 日，某发电厂由多种经营公司管理的小电站的出线电缆选用的线径不够，运行中长期过负荷过热着火。殃及附近的其他电缆烧损，造成 1 号炉灭火，2、4 号机减负荷的事故。

事故前，该电厂 1、2、4 号机运行，2 号机组带负荷 50MW，全厂总有功负荷 397MW。11 时 7 分，2 号机单元控制室电气值班员在检查 2 号机厂用电配电室时，发现有很强的烟味，1 号机通向引风机室的电缆沟内烟味最大，已不能靠近，听到里面有爆破声，立即向值长报告，同时运行人员通知检修人员。

11时17分，1号单控室事故警报响，6kV1A段接地光字牌显示，1、3号给水泵跳闸，2号引风机跳闸，同时，6kV1A、1B段母线电流表摆动，1号炉被迫减负荷，在减负荷过程中1号引风机又跳闸，致使1号炉灭火。

事故发生同时，380V化学变压器、输煤变压器跳闸，造成化学除盐水大量减少，迫使2、4号机大量减少负荷。

11时12分，救火人员进入电缆沟灭火，14时40分将火扑灭。

事故共烧损高压电缆17根、380V电缆5根。

事故原因：这次电缆火灾事故的直接原因是多经公司电站的电缆（此电缆设置在厂内电缆沟内）截面积不够，长期过负荷运行，造成电缆头过热，绝缘水平下降，导致相间短路，将其同层和其上部的电缆引燃。因电缆着火造成1号炉灭火，又因化学厂用电中断，化学制水停止，导致2号机负荷减到零，4号机负荷减到60MW。

（1）电缆爆炸起火的原因。电力电缆的绝缘层是由纸、油、麻、橡胶、塑料、沥青等各种可燃物质组成，因此，电缆具有起火爆炸的可能性，导致电缆起火爆炸的原因是：

1）绝缘损坏引起短路故障。电力电缆的保护层在敷设时被损坏或在运行中电缆绝缘受机械损伤，引起电缆相间或与保护层的绝缘击穿，产生的电弧使绝缘材料及电缆外保护层材料燃烧起火。

2）电缆长时间过载运行。长时间的过载运行，电缆绝缘材料的运行温度超过正常发热的最高允许温度，使电缆的绝缘老化，这种绝缘老化的现象，通常发生在整个电缆线路上。由于电缆绝缘老化，使绝缘材料失去或降低绝缘性能和机械性能，因而容易发生击穿着火燃烧，甚至沿电缆整个长度多处同时发生燃烧起火。

3）油浸电缆因高度差发生淌、漏油。当油浸电缆敷设高度差较大时，可能发生电缆淌油现象。淌流的结果，使电缆上部由于油的流失而干枯，使纸绝缘在热量作用下焦化而提前击穿；另

201

外，由于上部的油向下淌，在上部电缆头处腾出空间并产生负压力，使电缆易于吸收潮气而使端部受潮；电缆下部由于油的积聚而产生很大的静压力，促使电缆头漏油。电缆受潮及漏油都增大了发生故障起火的概率。

4）中间接头盒绝缘击穿。电缆接头盒的中间接头因压接不紧、焊接不牢或接头材料选择不当，运行中接头氧化、发热、流胶；在做电缆中间接头时，灌注在中间接头盒内的绝缘剂质量不符合要求，灌注绝缘剂时，盒内存有气孔及电缆盒密封不良，损坏而漏入潮气。以上因素均能引起绝缘击穿，形成短路，使电缆爆炸起火。

5）电缆头燃烧。由于电缆头表面受潮积污，电缆头瓷套管破裂及引出线相间距离过小，导致闪络着火，引起电缆头表层绝缘和引出线绝缘燃烧。

6）外界火源和热源导致电缆火灾。如油系统的火灾蔓延，油断路器爆炸火灾的蔓延，锅炉制粉系统或输煤系统煤粉自燃、高温蒸汽管道的烘烤，酸碱的化学腐蚀，电焊火花及其他火种，都可使电缆产生火灾。

（2）电缆防火措施。为了防止电缆火灾事故的发生，应采取以下预防措施：

1）选用满足热稳定要求的电缆。选用的电缆，在正常情况下能满足长期额定负荷的发热要求，在短路情况下能满足短时热稳定，避免电缆过热起火。

2）防止运行过负荷。电缆带负荷运行时，一般不超过额定负荷运行，若过负荷运行，应严格控制电缆的过负荷运行时间，以免过负荷发热使电缆起火。

3）遵守电缆敷设的有关规定。电缆敷设时应尽量远离热源，避免与蒸汽管道平行或交叉布置，若平行或交叉，应保持规定的距离，并采取隔热措施，禁止电缆全线平行敷设在热管道的上边或下边；在有热管道的隧道或沟内，一般避免敷设电缆，如需敷设，应采取隔热措施；架空敷设的电缆，尤其是塑料、橡胶电缆，应有防止热管道等热影响的隔热措施；电缆敷设时，电缆之间、电缆与热力管道及其他管道之间、电缆与道路、铁路、建筑物等之间平行或交叉的距离应满足规程的规定；此外，电缆敷设应留有裕度，以防冬季电缆停止运行时收缩产生过大拉力而损坏电缆绝缘。电缆转弯应保证最小的曲率半径，以防过度弯曲而损坏电缆绝缘；电缆隧道中应避免有接头。由于电缆接头是电缆中绝缘最薄弱的地方，接头处容易发生电缆短路故障，当必须在隧道中安装中间接头时，应用耐火隔板将其与其他电缆隔开。以上电缆敷设有关规定对防止电缆过热、绝缘损伤起火均起有效作用。

4）定期巡视检查。对电力电缆应定期巡视检查，定期测量电缆沟中的空气温度和电缆温度，特别是应做好大容量电力电缆和电缆接头盒温度的记录。通过检查及时发现并处理缺陷。

5）严密封闭电缆孔、洞和设置防火门及隔墙。为了防止电缆火灾，必须将所有穿越墙壁、楼板、竖井、电缆沟而进入控制室、电缆夹层、控制柜、仪表柜、开关柜等处的电缆孔洞进行严密封闭。对较长的电缆隧道及其分叉道口应设置防火隔墙及隔火门。在正常情况下，电缆沟或洞上的门应关闭，这样电缆一旦起火，可以隔离或限制燃烧范围，防止火势蔓延。

6）剥去非直埋电缆外表黄麻保护层。直埋电缆外表有一层浸沥青之类的黄麻保护层，对直埋地中的电缆有保护作用，当直埋电缆进入电缆沟、隧道、竖井中时，其外表浸沥青之类的黄麻保护层应剥去，以减小火灾扩大的危险。同时，电缆沟上面的盖板应盖好，且盖板完整、坚固，电焊火渣不易掉入，减少发生电缆火灾的可能性。

7）保持电缆隧道的清洁和适当通风。电缆隧道或沟道内应保持清洁，不许堆放垃圾和杂物，隧道及沟内的积水和积油应及时清除；在正常运行的情况下，电缆隧道和沟道应有适当的通风。

8）保持电缆隧道或沟道有良好照明。电缆层、电缆隧道或沟道内的照明经常保持良好状态，并对需要上下的隧道和沟道口备有专用的梯子，以便于运行检查和电缆火灾的扑救。

203

9）防止火种进入电缆沟内。在电缆附近进行明火作业时，应采取措施，防止火种进入沟内。

10）定期进行检修和试验。按规程规定及电缆运行实际情况，对电缆应定期进行检修和试验，以便及时处理缺陷和发现潜伏故障，保证电缆安全运行和避免电缆火灾的发生。当进入电缆隧道或沟道内进行检修、试验工作时，应遵守《电气安全工作规程》的有关规定。

9.2.3　防火防爆重点部位管理

1. 对重点防火部位的确定（火灾与爆炸主要场所）

根据"四大"：即发生火灾的危险性大，发生火灾后损失大、伤亡大、社会影响大；"六个方面"即：①容易发生火灾的场所，如燃油系统、氢（氨）系统、电缆夹层、主油箱部位、电气设备、输煤（制粉）系统、油管道的焊接场地，化学物品、化验室，物资仓库，易燃可燃液体罐，生产车间等；②发生火灾影响全局的场所，如变、配电室，控制室，锅炉房，消防泵房等；③对企业发展有重大意义的重要装置和引进的成套先进技术设备；④物资集中的场所，如档案、资料室、财务室、实验室等；⑤人员集中的场所，如办公楼，俱乐部，集体宿舍等；⑥需要确定为重点单位的其他场所，准确划分消防安全重点单位。电力生产企业典型灭火系统保护区域见表 9-2。

表 9-2　　　　电力生产企业典型灭火系统保护区域

序号	电力生产企业重点防火部位	保护形式
1	电子间、电缆夹层、通信机房、网控楼	IG541 或 FM200 气体灭火系统
2	煤斗、电缆夹层	低压 CO_2 灭火系统
3	输煤栈桥，转运站，输煤皮带	水喷雾、水幕、闭式喷水灭火系统
4	燃烧器、柴油机、油箱	水喷雾灭火系统
5	电缆竖井及电缆密集处	悬挂式灭火系统
6	电缆隧道	悬挂超细干粉或气溶胶系统
7	油库	泡沫灭火系统

2. 防火重点部位和场所安全管理要求

（1）防火重点部位或场所应根据"谁主管，谁负责"和"防消结合，预防为主"的原则，结合本单位的实际情况制定安全管理措施，应建立岗位防火责任制、消防管理制度和落实消防措施，并制定本企业各部门或场所的灭火方案，做到定点、定人、定任务，并经常进行检查，及时消除隐患，杜绝火灾事故的发生。

（2）防火重点部位或场所应有明显标志，并在指定的地方悬挂特定的牌子，其主要内容是：防火重点部位或场所的名称及防火责任人。

（3）对重点防火部位的岗位人员，应进行消防安全知识教育和防火安全技术培训。

（4）重点防火部位或场所如需动火工作时，必须严格执行动火工作票管理标准的有关规定。防火重点部位及场所的动火级别、动火审批、签发动火现场监护、动火工作票执行和安全责任及动火工作原则的掌握要严格执行《电力设备典型消防规程》。

（5）每个防火重点部位应建立档案，内容是：

1）防火重点部位或场所的名称；

2）防火责任人；

3）防火守则和防范措施；

4）火灾事故预想和灭火方案。

灭火方案的主要包括：组织机构，包括：灭火行动组、通信联络组、疏散引导组、安全防护救护组；报警和接警处置程序；应急疏散的组织程序和措施；扑救初起火灾的程序和措施；通信联络、安全防护救护的程序和措施。制订灭火和应急疏散方案特别要突出便于操作、落实责任、分工明确等内容，对其定期进行实施演练。

（6）建立专职消防队。

根据《中华人民共和国消防条例》规定，火灾危险性大、距当地公安消防队较远的大中型企业，根据需要建立专职消防队。

根据这个规定，一些大型发电厂应建立专职消防队。具体原因是：

1）发电厂火灾危险性大。在发电过程中，要使用大量的油、煤、天然气等燃料，还有透平油、变压器油和危险性极大的氢气。这些原料稍有疏忽，就可能发生爆炸、火灾事故。

2）一般发电厂距公安消防队较远。发电厂的占地面积大，大都建在市郊，造成了距离城市公安消防队较远的现实。按照国家规定，公安消防队应在接到报警后 5min 内到达起火地点，而根据我国当前的经济状况，又不可能建很多的公安消防队，所以发电厂应根据企业自身情况建专职消防队。

3）专职消防队有适应发电厂灭火的特长。电厂建立专职消防队后，可以根据电厂生产的特点，购买相应的消防器材，结合生产工艺特点进行有效的扑救训练，以及时、迅速地扑灭火灾。

（7）补充或调整消防设施、器材。根据企业目前的实际情况和《火力发电厂与变电站设计防火规范》（GB 50229—2006）、《建筑灭火器配置验收及检查规范》（GB 50444—2008）等法规进行完善、补充或调整现场配置的消防设备、设施。

9.3　扑灭电气火灾

发电厂、变电站虽然采取了相应的措施，但火灾和爆炸在所难免。火灾和爆炸发生后，及时、正确地扑救，可以有效地防止事态的扩大，减少事故损失。

9.3.1　一般灭火方法

从对燃烧的三要素的分析可知，只要阻止三要素并存或相互作用，就能阻止燃烧的发生。由此，灭火的方法可分为窒息法、冷却法、隔离法和抑制灭火法等。

（1）窒息灭火法。阻止空气流入燃烧区或用不燃气体降低空气中的氧含量，使燃烧因助燃物含量过小而终止的方法称为窒息法。例如用石棉布、浸湿的棉被等不燃或难燃物品覆盖燃烧物，或封闭孔洞，用惰性气体（CO_2、N_2 等）充入燃烧区降低氧含量等。

（2）冷却灭火法。冷却灭火法是将灭火剂喷洒在燃烧物上，降低可燃物的温度，使其温度低于燃点，而终止燃烧。如喷水灭火，"干冰"（固态 CO_2）灭火都是采用冷却可燃物达到灭火的目的。

（3）隔离灭火法。隔离灭火法是将燃烧物与附近的可燃物质隔离，或将火场附近的可燃物疏散，不使燃烧区蔓延，待已燃物质烧尽时，燃烧自行停止。如阻挡着火的可燃液体的流散，拆除与火区毗连的易燃建筑物构成防火隔离带等。

（4）抑制灭火法。前述三种方法的灭火剂，在灭火过程中不参与燃烧化学反应，均属物理灭火法。抑制灭火法是灭火剂参与燃烧的连锁反应，使燃烧中的游离基消失，形成稳定的物质分子，从而终止燃烧过程。

9.3.2　灭火剂与灭火器材

1. 灭火剂

灭火剂是能够有效地破坏燃烧条件，中止燃烧的物质。其作用是在被喷射到燃烧物体表面或燃烧区域后，通过一系列的物理、化学作用使燃烧物冷却、燃烧物与空气隔绝、燃烧区内氧的浓度降低、燃烧的连锁反应中断，最终导致维持燃烧的条件遭到破坏，从而使燃烧反应中止。

现在使用的灭火剂除水，主要有泡沫、卤代烷、二氧化碳、干粉等。灭火剂还只有在相适应的灭火设备和器材的配合下，才能充分发挥其灭火效力，尤其重要的是，灭火剂各有不同的性能，必须正确地使用到不同的灭火战斗中去，才能迅速扑灭火灾。

（1）水。

1）水的灭火作用。

a）冷却作用。

207

b）对氧的稀释作用。

c）对水溶性可燃液体的稀释作用。

d）水力冲击作用。

2）用水灭火的注意事项。

a）因水具有导电能力，通常情况不能用来扑救带电设备的着火。

b）不能用来扑救遇水能够发生化学反应的物质着火。

c）非水溶性可燃液体的火灾，原则上不能用水扑救，但原油，重油可以用雾状水扑救。

d）直流水不能扑救可燃粉尘（煤粉等）聚集处的火灾，也不能扑救高温设备火灾。

e）储存大量浓硫酸、浓硝酸和盐酸的场所发生火灾，不能用直流水扑救，必要时，可用雾状水扑救。

f）贵重设备、精密仪器、档案火灾不能用水扑救。

（2）泡沫灭火剂。

泡沫灭火剂可分为化学泡沫灭火剂和空气泡沫灭火剂。化学泡沫是通过两种药剂的水溶液发生化学反应产生的，泡沫中所包含的气体为二氧化碳；空气泡沫是通过空气泡沫灭火剂的水溶液与空气在泡沫产生器中进行机械混合搅拌而生成的。空气泡沫灭火剂按其发泡倍数又可分为低倍泡沫、中倍泡沫和高倍泡沫三类。

1）泡沫灭火剂在灭火中的作用。

a）灭火泡沫在燃烧物表面形成的泡沫覆盖层，可使燃烧物表面与空气隔绝，起到窒息灭火的作用。

b）泡沫层封闭了燃烧物表面，可以遮断火焰的热辐射，防止燃烧物本身和附近可燃物质的蒸发。

c）泡沫析出的液体可对燃烧物表面进行冷却。

d）泡沫受热蒸发产生的水蒸气可以降低燃烧物附近氧的浓度。

2）泡沫灭火剂的应用和特性。

a）化学泡沫、蛋白泡沫、氟蛋白泡沫和"轻水"泡沫，皆适于扑救非水溶性可燃液体火灾和一般固体物质火灾，不适于扑救水溶性可燃液体火灾、电气设备火灾、金属火灾以及遇水能发生燃烧爆炸的火灾。

b）抗溶性泡沫，用于扑救醇、酯、醚、酮、醛、胺、有机酸等可燃极性溶剂火灾，也可以用于扑救油类火灾。

c）高倍泡沫，主要适用于非水溶性可燃液体火灾和一般固体物质火灾，不能用于扑救油罐火灾，也不适于扑救水溶性可燃液体火灾。

3）泡沫灭火剂的储存保管要求。

按其规定的储存要求，可以保证在其有效期内发挥应有的灭火效用，否则易发生腐败变质，影响使用效果，甚至不能灭火。

（3）干粉灭火剂。干粉灭火剂，它是一种易于流动的微细固体粉末。干粉灭火剂按使用范围可分为普通干粉和多用干粉两大类。按冲入的灭火器的干粉灭火剂种类分：有碳酸氢钠干粉灭火器，也称 BC 类干粉灭火器，可灭 B、C 类的火灾；磷酸铵盐干粉灭火器，也称 ABC 干粉灭火器，可灭 A、B、C 类的火灾。

1）干粉灭火剂的灭火作用。干粉灭火剂平时储存于灭火器或干粉灭火设备中，灭火时靠加压气体（二氧化碳或氮气）的压力将干粉从喷嘴射出，形成一股夹着加压气体的雾状粉流，射向燃烧物，当干粉与火焰接触时，便发生一系列的物理化学作用，把火焰扑灭。

2）干粉灭火剂使用范围。普通干粉灭火剂主要适用于扑救可燃液体火灾、可燃气体火灾以及电气设备火灾。多用干粉灭火剂，不仅适用于扑救可燃液体，可燃气体和电气设备火灾，还适用于扑救一般固体火灾，也可与氟蛋白泡沫和轻水泡沫联用，扑灭大面积油类火灾。

3）干粉灭火剂的保管要求。

a）干粉灭火剂应用塑料袋包装，热合密封，外层加保护包装。

b）干粉灭火剂应放置在干燥、通风处，在 40℃ 以下的环境中储存，干粉灭火剂的堆垛不宜过高，以免压实结块。

c）在正常环境中储存的干粉灭火剂，其有效期为五年。

（4）二氧化碳灭火剂。二氧化碳俗称碳酸气，它是一种惰性气体。二氧化碳具有不导电和有毒的特性。

1）二氧化碳的灭火作用。

二氧化碳灭火剂用来灭火时，在燃烧区内二氧化碳能稀释空气，降低空气中的氧含量，当燃烧区域空气中氧的含量低于 12% 或者二氧化碳浓度达到 30%～35% 时，大多数燃烧物质火焰会熄灭。

由于二氧化碳较空气重，在灭火时会首先占据空间的下部，起到稀释和隔绝空气的作用。同时，由于二氧化碳是在高压液化状态下充装于钢瓶的，当放出时，会迅速蒸发，温度急剧降低到 $-78.5℃$，有 30% 二氧化碳凝结成雪花状固体，低温的气态和固态二氧化碳，对燃烧物也有一定的冷却作用。

2）二氧化碳灭火剂的使用范围。

它适用于扑救各种可燃液体和用水、泡沫、干粉等灭火剂灭火时，容易受到污损的固体物质火灾。如：精密仪器、贵重设备、图书档案等，还可扑救 600V 以下的各种电气设备火灾。

但二氧化碳不能扑救钠、钾、铝、锂等碱金属和碱土金属及其氢化物火灾，不能扑救在惰性介质中能自身供氧燃烧物质的火灾（如：硝酸纤维）。

3）二氧化碳使用安全要求。

在充装和使用过程中，必须遵守一切有关压力容器、管道和设备的安全操作规定。此外，直接接触液态二氧化碳会引起冻伤。当空气中含有过量二氧化碳气体时，还可能造成中毒窒息。

2. 灭火器

灭火器是指在内部压力作用下，将充装的灭火剂喷出，以扑灭火灾的灭火器材。灭火器主要用来扑救初起火灾，是常备灭火器材。

灭火器的配置要求：

（1）设置地点：设置明显、便于取用、不影响安全疏散。

（2）设置方式：手提式灭火器的设置方式有挂钩、托架、灭火器箱三种。

（3）设置点的环境要求：灭火器不应设置在潮湿或强腐蚀的地点；设置在室外时应有保护措施，不得直接遭受风吹雨淋和日光曝晒。

3. 射水

射水是指把水泵中的压力水输送到火场进行灭火的器具，包括水带、水枪等。

（1）水带。水带是把水泵排出的压力水输送到火场的输水管线。水带按材质分有麻质水带、混纺水带和合成纤维水带三种。

（2）水枪。水枪是把水根据需要的形状有效地喷射到燃烧物上的器具。

1）水枪的分类

a）按水枪的工作压力范围分为：①低压水枪（0.2～1.6MPa）；②中压水枪（>1.6～2.5MPa）；③高压水枪（>2.5～4.0MPa）。

b）按水枪喷射的灭火水流形式可分为：①直流水枪；②喷雾水枪；③直流喷雾水枪；④多用水枪。其中常用的水枪是直流和喷雾水枪。

（3）消火栓。消火栓是灭火供水设备之一，分室内消火栓和室外消火栓两种。

1）室内消火栓是截止阀类的一种阀门，它是建筑物内的一种固定消防供水设备。

2）室外消火栓主要由铸铁制造，根据其设置方式分为地上式和地下式两种。①室外地上消火栓。适用于气温较高地区，并有市政供水设施（自来水）的地方，安装在室外消防给水管网上，供消防车或消防泵取水扑救火灾。②室外地下消火栓。室外地下消火栓有双出水口和单出水口两种类型。地下消火栓安装在地面以下，不易冻结、损坏、便利交通，适用于北方寒冷地区。

9.3.3　电气火灾的扑灭

从灭火角度看，电气火灾有两个显著特点：一是着火的电气设备可能带电，扑灭火灾时，若不注意可能发生触电事故；二是有些电气设备充有大量的油，如电力变压器、油断路器、电压互感器、电流互感器等，发生火灾时，可能发生喷油甚至爆炸，造成火势蔓延，扩大火灾范围。因此扑灭电气火灾必须根据其特点，采取适当措施进行扑救。

1. 切断电源

发生电气火灾时，首先设法切断着火部分的电源，切断电源时应注意下列事项：

（1）切断电源时应使用绝缘工具操作。因发生火灾后，开关设备可能受潮或被烟熏，其绝缘强度大大降低，因此，拉闸时应使用可靠的绝缘工具，防止操作中发生触电事故。

（2）切断电源的地点要选择得当，防止切断电源后影响灭火工作。

（3）要注意拉闸的顺序。对于高压设备，应先断开断路器，后拉开隔离开关，对于低压设备，应先断开磁力启动器或低压断路器，后拉开闸刀开关，以免引起弧光短路。

（4）当剪断低压电源导线时，剪断位置应选在电源方向的支持绝缘子附近，以免断线线头下落造成触电伤人、发生接地短路；剪断非同相导线时，应在不同部位剪断，以免造成人为相间短路。

（5）如果线路带有负荷，应尽可能先切除负荷，再切断现场电源。

2. 断电灭火

在着火电气设备的电源切断后，扑灭电气火灾的注意事项如下：

（1）灭火人员应尽可能站在上风侧进行灭火；

（2）灭火时若发现有毒烟气（如电缆燃烧时），或在 SF_6 配电装置室内灭火，应戴防毒面具；

（3）若灭火过程中，灭火人员身上着火，应就地打滚或撕脱衣服，不得用灭火器直接向灭火人员身上喷射，可用湿麻袋或湿棉被覆盖在灭火人员身上；

（4）在灭火过程中应防止全厂（站）停电，以免给灭火带来困难；

（5）在灭火过程中，应防止上方可燃物着火落下危害人身和设备安全，在屋顶上灭火时，要防止高空坠落"火海"中；

（6）室内着火时，切勿急于打开门窗，以防空气对流而加重火势。

3. 带电灭火

在来不及断电，或由于生产或其他原因不允许断电的情况下，需要带电灭火。带电灭火的注意事项如下：

（1）根据火情适当选用灭火剂。由于未停电，应选用不导电的灭火剂。如手提灭火器使用的二氧化碳、四氯化碳或干粉等灭火剂都是不导电的，可直接用来带电喷射灭火。泡沫灭火器使用的灭火剂有一定导电性，且对电气设备的绝缘有腐蚀作用，不宜用于带电灭火。

（2）采用喷雾水枪灭火。用喷雾水枪带电灭火时，通过水柱的泄漏电流较小，比较安全，若用直流水枪灭火，通过水柱的泄漏电流会威胁人身安全，为此，直流水枪的喷嘴应接地，灭火人员应戴绝缘手套，穿绝缘鞋或均压服。

（3）灭火人员与带电体之间应保持必要的安全距离。用水灭火时，水枪喷嘴至带电体的距离为 110kV 及以下不小于 3m；220kV 及以上不小于 5m。用不导电灭火剂灭火时，喷嘴至带电体的最小距离为：10kV 不小于 0.4m；35kV 不小于 0.6m。

（4）对高空设备灭火时，人体位置与带电体之间的仰角不得超过 45°，以防导线断线危及灭火人员人身安全。

（5）若有带电导线落地，应划出一定的警戒区，防止跨步电压触电。

4. 充油设备灭火

绝缘油是可燃液体，受热气化还可能形成很大的压力造成充油设备爆炸。因此，充油设备着火有更大危险性。

充油设备外部着火时，可用不导电灭火剂带电灭火。如果充油设备内部故障起火，则必须立即切断电源，用冷却灭火法和窒息灭火法使火焰熄灭，即使在火焰熄灭后，还应持续喷洒冷却剂直到设备温度降至绝缘油闪点以下，以防止高温使油气重燃造成重大事故。如果油箱已经爆裂，燃油外泄，可用泡沫灭火器或黄沙扑灭地面和贮油池内的燃油，注意采取措施防止燃油蔓延。

发电机和电动机等旋转电机着火时，为防止轴和轴承变形，应使其慢慢转动，可用二氧化碳或蒸汽灭火，也可用喷雾水灭火。用冷却剂灭火时注意使电机均匀冷却，但不宜用干粉、砂土灭火，以免损伤电气设备绝缘和轴承。

 做中学，学中做

熟悉各种灭火器，能够使用灭火器进行灭火。

参 考 文 献

1. 潘龙德. 电业安全（发电厂和变电所电气部分）. 北京：中国电力出版社，2002.
2. 王显竣，王世杰. 供电企业生产事故案例分析. 北京：中国电力出版社，2008.
3. 钱祥鹏. 发电厂事故分析 42 例. 北京：中国电力出版社，2008.
4. 蓝小萌. 电业安全　电厂及变电站电气运行专业. 北京：中国电力出版社，2003.
5. 中国安全生产协会注册安全工程师工作委员会. 安全生产法及相关法律知识. 北京：中国大百科全书出版社，2008.
6. 陈家斌. 电气作业安全操作. 北京：中国电力出版社，2006.
7. 陈雅萍. 电工技术基础与技能. 北京：高等教育出版社，2010.
8. 乐全明，陶鸿飞. 电气倒闸操作标准化作业. 北京：中国电力出版社，2018.
9. 中国电力企业家协会供电分会. 电气试验与油化验. 北京：中国电力出版社，1999.